蔡万刚◎编著

超级自律力：

管好自己就能飞

中国纺织出版社

内 容 提 要

大多数人已经意识到心态的强大作用，然而还有很多人对于自律完全不放在心上。实际上，自律并不仅仅意味着自控和自我管理，更意味着改变自己、提升自己、完善自己。

一个人只有拥有自律，远离那些坏习惯和陋习，渐渐养成好习惯，才能给人生积极向上的力量，才能让自己变得越来越优秀。

图书在版编目（CIP）数据

超级自律力：管好自己就能飞 / 蔡万刚编著. —北京：中国纺织出版社，2018.9
ISBN 978-7-5180-5168-7

Ⅰ.①超… Ⅱ.①蔡… Ⅲ.①自我控制—通俗读物 Ⅳ.①B842.6-49

中国版本图书馆CIP数据核字（2018）第134736号

责任编辑：闫 星　　特约编辑：王佳新　　责任印制：储志伟

中国纺织出版社出版发行
地址：北京市朝阳区百子湾东里A407号楼　　邮政编码：100124
销售电话：010—67004422　　传真：010—87155801
http：//www.c-textilep.com
E-mail：faxing@c-textilep.com
中国纺织出版社天猫旗舰店
官方微博http：//weibo.com/2119887771
天津千鹤文化传播有限公司　　各地新华书店经销
2018年9月第1版第1次印刷
开本：710×1000　1/16　印张：13
字数：127千字　定价：36.80元

凡购本书，如有缺页、倒页、脱页，由本社图书营销中心调换

前 言

　　自律力是什么？相信很多之前未曾听说过这个概念的朋友，一定会觉得有些困惑。的确，我们经常听说领导力、说服力等，而极少听说自律力。如果用大白话来解释，自律力就是自己管理自己，也改变自己的能力。从本质上而言，自律力和自控力不同。自控力是努力控制自己，避免自己失控，而自律力却是在认识自己的基础上，改掉自己的坏习惯和陋习，而帮助自己渐渐形成好习惯，进而拥有优秀的品质，包括提升自己方方面面的能力。说到这里，相信有些读者朋友会恍然大悟：哦，原来自律力这么重要和神奇啊！的确，自律力是一种来自内心的力量，它比外界的很多约束力更强大，也更卓有成效。一个人要想变得优秀，仅仅接受外界的训导还远远不够，最重要的是在内心深处拥有自律意识，真正实现自律，拥有自律力。

　　很多时候，我们会羡慕那些领导者拥有超强的影响力，总是振臂一呼，应者云集。实际上，对于领导者而言，他们的吸引力和影响力只起到一部分作用，重要的是因为他们具有自律的品质，拥有很强的自律力。所以，他们在追随者面前才能建立威信，从而奠定自己的领导地位。

现代社会生活节奏越来越快，工作的压力越来越大，尤其是竞争日益激烈，这使得每个现代人都感到心力交瘁，因而心态也越来越浮躁，根本不能静下心来做人做事。也因为对自己的疏于管理，很多人都肆意放纵自己，任由自己的坏脾气爆发，任由自己懒惰的本性暴露无遗，也任由自己成为"拖延癌"晚期患者，达到无可救药的程度。记住，任何时候不良的心态都无法起到任何作用，反而有可能导致事与愿违，我们与其浪费时间发牢骚、不停地抱怨，还不如争分夺秒发挥自律力，有效提升自我，促使自己不断进步，变得强大。毕竟，这是一个只能用实力为自己代言的竞争时代。

不可否认，金无足赤，人无完人，每个人都有这样或者那样的缺点。没关系，真正完美的是不存在的造物主，作为普通人，有一些不足也是在所难免的。只要发挥自律力的作用，我们就能不断进步，渐渐变得优秀，这才是最切实可行的自我成就之道路。

编著者

2017年8月

目　录

上　篇　培养自律——优秀来源于自我管理

下　篇　运用自律——把自律变成一种习惯

上　篇

培养自律——优秀来源于自我管理

第一章 科普小贴士：什么是自律

自律，百度词条的解释是指遵循法律并在此基础上进行的自我约束。说起来，自律只是简简单单两个字，但是真正做起来，就很不容易了。生活中，真正能够做到自律的人很少，但是他们都获得了成功。而生活随性的人很多，他们总是顺从自己的本性，从不对自己加以约束和指引，难免导致任性妄为，无法收获充实的人生。

思想改变，你才随之改变

记得有位名人曾经说过，人最大的敌人就是自己，一个人只有战胜自己，才能实现人生的飞跃，在人生中收获更多，获得成功。所谓自律，正是要管理和战胜自己，正是要与自己的天性对抗，所以也就显得难度很大。

人的本性就是趋利避害，所以大多数人都贪图安逸和享受。举个最简单的例子，难道我们不知道吃得饱饱的，躺在温暖的被窝里看电视更幸福吗？当然知道。感性和本能告诉我们，这么做是最好的选择，但是理智却告诉我们，这么做会让我们陷入温柔乡中无法自拔。当我们吃饱喝足躺在被窝里追剧的时候，有的人却在健身房里汗流浃背地跑步，锻炼身体；当我们清晨贪恋被窝，不愿意早早起床赶去公司提前进入工作状态的时候，有的人却宁愿早起一小时，在正式开始工作之前给自己充充电，学习一些对工作有用的技能；当我们每天趴在办公桌前偷偷地在网络上闲聊天的时候，有的人却在做完自己的分内事之后，又开始主动承担新的工作，为领导排忧解难……为何同样是面对生活和工作，不同的人表现却如此不同呢？

只靠着外界的力量来管理自己，始终无法把自己管理得更好，而只能疲于应付。明智的朋友知道，自律其实就是一场思想的革命，唯有从自己的内心深处意识到自我管理的重要性，也重视自我管理，实行自律，才能超越自我。也许有些人会自欺欺人，认为对自己放松一些，也没有人会知道。正是在这种思想的主导下，糖尿病人偷偷地吃一些高油高脂的食物，还安慰自己放纵一次没关系，最终却导致病情恶化，不得不住进医院。体重超标的人根本无法禁食，因为他们的胃已经被撑大，如果没有顽强的毅力管住嘴、迈开腿，根本无法让胃收缩回去；一个习惯了在工作时间懈怠的人，再也无法集中精力去工作，因为他们的心已经散了，无法再收回来。就这样，人们在放任自流中变得越来越放纵，根本无法成功地击败自己的内心，而成为堕落人性的俘虏。

从这个角度而言，自律首先应该是一场思想的革命，才能让我们发自内心地认识到自律的重要性，也才能给予我们更多的自我管理空间和自我管理的力量。记住，皮囊会向他人讲述你不良的生活习惯，你的身份地位以及在社会生活中得到的一切，会告诉人们你曾经多么努力。而正如古人所说，腹有诗书气自华，人也许可以伪装自己的外在，但无法装饰自己的气质。每个人唯有充实自己，让自己知识渊博、见多识广，才能真正展现与众不同的气质，从而为自己的成功奠定基础。

　　需要注意的是，自律并非很多人所误解的那样，认为要想运动必须去办理健身房的年卡，要想旅行必须走出国门，去国外的旅游胜地；也不是说要想读书，就马上为自己买书，或者为自己报名参加培训班。真正的自律是从当下开始，认真对待每一个今天，认真对待眼前的每一分钟。人们常说，一万年太久，只争朝夕，自律正是争分夺秒，在意识到问题的存在之后，就马上规范自己的行为，整理自己的生活，让自己奔向幸福美好的明天。例如，当你意识到自己应该通过跑步锻炼身体，那么当天早晨就要早起一小时，而不要因为贪恋温暖的被窝，安慰自己："我等到明天再早起，跑步也不在乎这一两天。"殊不知，当你放纵自己，宽容自己，你明天、后天，都未必能够按时起床。最终你的跑步计划也许会变成一个彻头彻尾的空想。一个自律的人，如果觉得自己应该通过读书充实心灵，那么就会马上拿起书开始读，哪怕某一天遇到特殊的事情，他们也会像不洗漱就难以入睡一样，必须挤出时间把书读完了，才能安然入睡。

　　自律的人从不瞻前顾后，更不会左顾右盼。他们对于该做的事情，马上就会坚定不移地去做。对于不该做的事情，也会坚决管理好自己绝不触碰。毒品，向来是人们谈之色变的东西，很多缉毒警察为了深入毒窝，冒险当卧底，最终却沾染上毒品，从此一发而不可收拾。也有很多吸毒的人，实际上并不是十恶不赦的坏人，只是他们因为好奇品尝了一口毒品，就彻底毁掉了自己的人生。所以，一个人要想拥有充实而又成功的人生，一定要把握好自己，管理好自己，不要一味地放纵自己，导致自己成为脱缰的野马，再也无法回归正途。

国外有个年轻女人才30岁，但是体重已达997斤。因为严重超重，她的生命也受到严重威胁，必须马上去医院接受治疗。然而，她已经无法从家门走出来了，她无法站立，家门也没有那么宽大。为此，医护人员不得不把她家的墙壁打开，然后十几个人通过齐心协力，才把她和她的床一起抬出来。可是，也没有足够大的车容纳她，所以医护人员决定采取空运的方式，把她运到医院。难以想象，一个人的体重居然可以从正常，或者是普通意义上的超重，长到将近1000斤。在体重超标之际，她就应该得到警示，也就应该马上调整自己的饮食结构，有计划地与体重狂增作斗争。遗憾的是，缺乏自律的她错过了这样的机会，才导致人生如此不堪。当然，我们不是嘲笑或者轻视肥胖者，但是如果肥胖威胁到生命安危，还是必须严格控制的。

总而言之，自律不是一件简单容易的事情，每个人都要认清自己，从根本上转变思想，才能主动严格约束自己，不断提升自己，也让自己变得越来越强大。

有的放矢，让改变发生

生活中，即是否经常会有新的想法，诸如你想换一份更好的工作，想给自己换个发型，或者想把家里的沙发换了，或者想让自己有一个新的开始……然而，你已经当机立断按照新想法去做了吗？相信大多数人都会回答还没有。为何改变这么难呢？其实，是因为每个人从内心深处都是惧怕改变的。没有人愿意改变，如果现世安好，人人都希望就这样一直岁月静好下去，不愿意面对改变带来的种种不适应，以及因为改变而起的各种矛盾和纠纷。然而，生活需要改变，生活每时每刻都处于不断的变化之中，唯有从容接受改变，甚至积极接受改变，改变才会为生活注入新鲜的活力，为人生带来积极的进步。

每个人从呱呱坠地开始，就不断地成长和成熟起来。然而，有的人真的变得成熟，有的人却老去了。成熟与老去的区别在哪里呢？成熟的人从惧怕改变到积极地迎接改变，而老去的人自始至终都在害怕改变，他们没有活力面对改变的发生。遗憾的是，生活中大多数人都不知不觉地老去了，他们害怕改变，也害怕人生有任何微小的变化。正是在这样的心态下，很多年轻人明明应该充满朝气，却最终变得怨天尤人，无法坦然面对生活。他们不想继续这样的生活，却不敢下定决心改变；他们做事情总是只有三分钟热度，一旦遇到小小的困难就先放弃；他们宁愿对着手机看无聊的朋友圈，也不愿意花费时间去学习和充实自己；他们不喜欢运动，也没有什么兴趣爱好，每到节假日只想待在家里吃吃喝喝，看那些又臭又长的无聊电视剧……不得不说，这样的人生和混吃等死有什么区别呢？

人生的意义绝不在于日复一日的重复，甚至没有任何变化，也没有任何奇迹出现的可能。明智的朋友知道，任何情况下，我们都要更加积极地面对生活，改变生活，才能让人生保持活力，也才能让人生有更多的可能性。否则，人生浑浑噩噩，我们的未来也必然焦虑不安，甚至找不到努力的方向和意义。人人都知道奥斯特洛夫斯基在《钢铁是怎样炼成的》一书中说过的那句话："人，最宝贵的是生命。生命对于每个人而言，都只有一次机会。"的确，生命短暂，一去不复返，我们要如何让生命变得充实，也让人生充满意义呢？很多人之所以努力奋斗，就是为了让自己实现时间自由、财务自由、人生自由，而真正拥有各种自由之后，他们却发现失去了外界的约束力，也渐渐地失去了自律力，导致人生放任自流，再无任何积极的目标和意义。不得不说，每个人都只能享受相对的自由，而无法享受绝对的自由，否则人生就会处于失重状态，懵懵懂懂，日渐麻木和消沉。

著名作家王小波曾经说过，人的一切痛苦，归根结底都来源于对自己无能的愤怒。那么，人们要想解除痛苦，首先要实现自律，这样才能战胜自己，成为人生中真正的强者。正如一位名人所说，人最大的敌人就是自己，而对于每一个梦想着征服世界的人而言，最重要的就是战胜自己，才能由此破茧而飞，超越自我。

自从大学毕业后，我与刘峰已经5年没见面了。在我的印象中，刘峰还是那个大腹便便、胖得连路都走不动的高个子男孩。然而，在毕业5年的同学聚会上，我就坐在刘峰对面，却在很长的时间里都没有认出他来。我在头脑中努力搜寻这个高大英俊的男孩到底是谁，却怎么也想不起他的名字。无奈之下，我只好问坐在身边的好朋友，好朋友不由得哈哈大笑起来："你以前总是叫他大力水手，你忘记啦？"我张大嘴半天合不拢，这真的是那个足足200多斤重的刘峰吗？他是通过什么手段，让自己变得英俊潇洒的呢？实际上，刘峰只是减肥成功而已。身材健硕的他浑身没有任何肥肉，都是紧绷的肌肉，相比其他那些上学期间都很苗条的男生，如今却已经大腹便便了。

我突然意识到，原来减肥绝不仅仅是控制和减轻体重那么简单，而是能够让一个人获得新生。我赶紧向刘峰请教减肥的秘诀，刘峰淡然地说："其实也没有什么，只要坚持改变自己就可以。我从毕业之后每天都风雨无阻坚持跑步，温度适宜、天气晴好时，我就在户外跑步；寒冬酷暑或者遇到刮风下雨的天气，我就去健身房跑步。总而言之，一开始过程很艰难，我甚至根本跑不起来，只能慢吞吞地走。但是随着时间的推移，我的体力不断增强，渐渐地，我就可以跑起来了。"而我明显看到，通过坚持改变，刘峰不但甩掉了赘肉，还拥有了很多男人梦寐以求的精气神和男子汉气概。他是那么自信，风度翩翩，我相信如果在座的女生都还没有人生伴侣，一定会毫不犹豫地追求他的。

提起跑步，很多朋友一定不以为然，认为跑步不就是坚持跑跑嘛！殊不知，跑步看似简单，一次也很容易做到，但是跑步属于有氧运动，运动节奏比较舒缓，也不那么剧烈，必须长期坚持才能达到预期的效果。一提起"坚持"二字，跑步就显得不那么容易了。归根结底，一个人在一天做一件事情不难，难的是他们坚持一辈子都做好一件事情。这就是自律的力量。一个人唯有具有自律的意识，把自律融入自己的血液，才能坚持做到最好。看似简单的小事，很多人都不将其放在心上，如果缺乏内在的驱动力和自律力，就无法长期坚持下去。尤其是现代人因为生活水平提高，以车代步的人越来越多，所以更多的人都陷入亚健康状态，急需运动以增强体质。然而，能够真正坚持长期跑步的人却少之又少。

其实，跑步不仅仅是锻炼身体的好方式，在长期的坚持中，也能培养人们的自律意识，让人们及时发泄生活和工作中的巨大压力。要记住，如果你想放弃坚持跑步，那么你会有无数个借口。但是如果你想坚持跑步，你就没有任何借口。当然，生活中需要我们实现自律的事情还有很多，唯有帮助自己建立自律的意识，养成自律的好习惯，我们的人生才会更加积极向上。

自律，最伟大的人格力量

自律是一种非常重要的人格力量，是养成习惯的驱动力。如果没有自律的精神，人们很容易就会自我松懈，导致做任何事情都没有好的结果。提起"自律"这个词语，很多人头脑中马上就会想起军营。的确，相对于日常生活而言，军营是一个更要求纪律的地方。所谓"铁打的营盘，流水的兵"，任何情况下，军人都要遵守纪律，更要有严格的自律精神。

很多新兵刚刚加入军营，总是被严格的军训训得叫苦不迭，恨不得马上跑回家去，这样才能恢复自由自在。新兵军训之所以那么严格，就是要通过军训为新兵树立规矩，从而让新兵在未来的军旅生涯中始终保持严格自律，绝不敢疏忽和懈怠。其实，不仅军人拥有超强的自律力，对于普通人言，自律也是不可或缺的，古往今来，无数伟大人物的事迹告诉我们，要想成就卓越，首先要超越和战胜自我，才能突破和成就自我。当人生遭遇阴霾和困惑时，唯有自律才能给人们带来光明。

那么，自律到底指的是什么呢？所谓自律，就是自己能够管理好自己，从而主动自发地遵守纪律，也实现自己的既定目标。对于每个人而言，自律都是一种非常重要的能力，甚至关乎人格，是对人生而言至关重要的力量。一个人是否有素质，往往与他们的自律能力成正比。素质越高，自律能力越强；素质越低，自立能力越弱。如果看一个人的素质，可以看他的自律程度，从而对他的素质高低有基本的了解。当然，自律力的高低不仅仅是展示素质，还决定一个人的成就。美国的一位心理学教授针对幼儿园孩子进行了一项特殊的实验。教授给每个小朋友都分了一颗糖果，然后告诉小朋友们："我现在有事情，要离开一下。你们可以现在就吃糖，也可以等到我回来再吃糖。等到我回来再吃糖的小朋友，将会额外得到两颗糖作为奖励。"说完，教授就离开了教室，剩下小朋友们自己作决定是否吃糖。其实教授正在室外观察小朋友们，他看到有的小朋友把糖果紧紧地攥在手心里，生怕糖果飞了；有的小朋友毫不迟疑，开始享用糖果；有的小朋友痛苦地控制自己吃糖的欲望，甚至闭上眼睛不看糖果。等到教授回来时，只有极少数小朋友没有吃糖果，而大多数小朋友已经把糖果吃掉了。后来，教授对这些小朋友进行追踪调查，发现那些能够延迟吃糖果的小朋友，比那些当即就开始吃糖的小朋友，取得了更大的成功。在心理学上，这叫作"延迟满足"，其实恰恰体现了小朋友的自律力。

古往今来，很多伟大的人都因为具有自律力，才获得了成功。其实除了能给人生带来成功之外，自律还有益于人们的身心健康。常言道，不做亏心事，不怕鬼敲门。所谓的亏心事，就是指那些不符合道德和法律，有损于自己和他人的事情。也许有些朋友会问，亏心事不是指有损于他人的事情吗？的确，通常意义上，亏心事是指有损于他人的事情，但是这里所说的亏心事也包含有损于自己的事情。例如，有的人正在减肥，却偏偏偷嘴吃了一块蛋糕，吃的时候他就惴惴不安，觉得打破了戒律，吃完之后他又陷入懊恼和痛苦之中，变得更加纠结。这样的行为，不但缺乏自律，给自己的身体造成伤害，而且使自己长久地感到纠结和痛苦，对于自己的身心健康也是有害的。与其等到事后后悔且无法补救，不如赶在事情发生之前先控制好自己，从而一举数得。众所周知，精神上的紧张和焦虑，对人的影响和伤害更大。

与此恰恰相反，如果一个人能够严格自律，遵守自己给自己制定的规矩，那么他们就能保持健康和快乐，也会内心坦然、无所畏惧。尤其是现代社会，每个人的生存压力都特别大，职场上也竞争激烈，所以更容易导致人心力交瘁。如果能在生活和工作中严格自律，把该做的事情都做到最好，也因为表现突出得到他人的认可与赞赏，那么必然心情愉悦、事半功倍。

王羲之很小就表现出对书法的浓厚兴趣，他7岁就开始练字。王羲之非常勤奋，每天天不亮就起床练字，小小年纪的他立志要成为大书法家，这让父亲也不由得对他刮目相看。

11岁时，王羲之不满足自己一直写那些简单的字帖，因而去父亲的书房，想找一些高难度的字帖继续练字。他在父亲的书房里发现了几本书，出于好奇，便把书拿起来看。原来，这本书是《笔论》，是专门教人写字的。王羲之看后再也无法停下来，便一直坐在父亲的书房读书，后来发现天黑了，又把书带回自己的房间继续读。他一口气读完了《笔论》。然后就按照书中讲述的运笔等方法开始练字。他每天废寝忘食地写啊写啊，简直走火入魔了。在勤学苦练一段时间之后，他拿自己现在写的字和之前写的字相比，发现的确有很大的进步。

很久之后，父亲看到王羲之正在认真地读《笔论》，这才惊讶万分地问："《笔论》是我珍藏的书法名著，你能读懂吗？"王羲之毕恭毕敬地回答父亲："书只有读了才能懂，虽然我现在对书中的内容还一知半解，但是还是有所收获的。"看到王羲之这么勤奋好学，父亲连连点头，便把《笔论》送给王羲之当作礼物。得到了这本好书的引导，王羲之对于书法更加沉迷了。有一天，王羲之因为练字忘记了吃饭，书童便把馒头和蒜泥拿去书房给王羲之吃。王羲之始终埋头练字，听到书童的催促后，便头也不抬地拿起馒头蘸了点东西送到嘴里开始咀嚼。这时，母亲恰巧被书童喊来催促王羲之吃饭，却发现王羲之满嘴都是黑漆漆的墨汁，母亲哑然失笑："羲之，今天的蒜泥味道怎么样呢？"原来，王羲之因为专心练字，居然把墨汁当成蒜泥，用来蘸馒头吃了。

毫无疑问，每个孩子的天性都是喜欢玩耍，而王羲之之所以小小年纪就主动自发地专心练字，是因为他有超强的自律力。他很清楚自己的人生目标，那就是成为一名大书法家。也因为有了这个目标的督促，他才更加目标明确、全力以赴，最终成为大书法家。

毋庸置疑，自律对于人生将会起到很多积极正向的作用，但是要想真正实现自律，也不是件简单容易的事情。现实生活中，人们常常因为本性而放松自己，所以大多数人都需要外在的约束力量来规范自己的行为，而只有少数人能真正依靠自律，让自己的言行举止更加规范，也让自己集中力量做好人生中的每一件事情，奔向人生的远大目标。

合适的环境，让自律事半功倍

通常情况下，我们无法确定到底是什么原因触发了一种行为，更不知道自己将会对于这样的行为作何反应。然而，"诱因"和"行为"之间的关系却毋庸置疑，即它们之间有着类似于因果的关系，而且存在先后次序。往往，诱因是先出现的，带有诱惑的意味，但是诱因并非起决定性作用，只是一种诱惑而已。诱因虽然能引诱我们做出某种行为，却并不强迫我们必须做到某种行为。归根结底，诱因只是一种诱发，而不会对我们的行为产生决定性影响。对于意志力强大的人而言，如果能抵抗这种诱因，那么就会成功地实现自律，让自己按照既定的规划去做。而如果一个人意志力薄弱，那么就无法抵抗这种诱因，自然会成为有诱因的俘虏，导致自律毫无效果。

日常生活中，很多男性朋友都喜欢抽烟。实际上，他们并非真的离不开香烟，而是因为已经形成了抽烟的习惯。例如，人们在感到焦虑的时候会想抽烟，这实际上就是导致抽烟行为切实发生的一个诱因。在尼古丁的刺激下，抽烟的人会觉得心中得到安慰，精神上也变得愉悦，因而对于抽烟更加热衷，最终养成抽烟的习惯。这也是很多人在戒烟时，往往会以零食来代替香烟，导致体重猛增的原因。实际上，戒烟未必要依靠吃零食进行，也可以用运动的方式缓解内心的焦虑，从而使得戒烟顺利进行。

拉凯特别喜欢啃指甲，不管是正在上课还是正在看电视，她总是情不自禁地把指甲放在嘴里啃咬，有的时候，指甲因此受到伤害，手指也开始流血，但是她却无法戒掉这个习惯。无奈之下，父母只好带着拉凯去看心理医生，经过一番询问，心理医生了解到拉凯每当觉得手指难受，就会情不自禁地要啃指甲。而当拉凯无事可做的时候，她就会因为无聊而觉得难受，感到双手无处可放。这使她潜意识里意识到，正是因为无聊才感到手指不舒服，才导致她啃指甲，最终进入恶性循环，一旦觉得无聊，就要啃指甲。这样的恶性循环，使得拉凯咬指甲的习惯日益得到强化，而且变得越来越严重。

心理医生给了拉凯一张卡片，让拉凯再次感到手指不舒服的时候，就在卡片上做一个标记。结果一个星期内，拉凯在卡片上做了20多个标记。拉凯知道，自己真的要开始改掉啃指甲的习惯了。在对自己的无聊反应有初步了解之后，拉凯在心理医生的建议下，每当感到无聊或者想啃指甲的时候，就让自己的手有事可干，她或者拿起画笔画画，或者忙碌地做些什么，从而抵抗想要啃指甲的冲动和欲望。有的时候，拉凯还会用手指敲击桌子，这渐渐取代了啃指甲，同样使拉凯感到满足。就这样，几个月之后，拉凯彻底忘记了啃指甲这件事情，也消除自己内心的困扰。她变得快乐起来。

要想战胜那些不知不觉中形成的坏习惯，让自己恢复自律，首先要消除引起坏习惯的诱因。诸如，看起来手指不舒服是拉凯啃指甲的诱因，实际上，感到无聊乏味才是拉凯啃指甲的根本原因。因而当再次感到手指不舒服的时候，拉凯首要做的不是安抚自己的手指，而是马上让自己的手活动起来，变得忙碌而又充实，这样手指不舒服的感觉就会渐渐消失，自然拉凯啃指甲的行为也好转了。

习惯一旦养成，就很难改变，唯有剖析内部的深层原因，才能对习惯更加了解，也才能让习惯的改变事半功倍。当然，改掉坏习惯的过程同时也是建立好习惯的过程，严格的自律让好习惯的建立事半功倍，也让坏习惯的消除马到成功。

实现卓有成效的自我管理

人在职场，很多管理者都在为如何管理好下属而苦恼，殊不知，要想管理好他人，首先要管理好自己。一个没有自律力的管理者，很难有效地管理他人。从这个角度而言，优秀的管理者更要掌握自我管理的好方法，才能进行自我管理，也才能拥有严格的自律。

常言道，每个人最大的敌人就是自己。这就决定了一个人要想征服世界，首先要征服自己，更要管理自己。当然，管理自己的前提是认清自己，客观评价和认知自己。古人云，不识庐山真面目，只缘身在此山中。每个人唯有先认清自己，才能知道自己的优势所在，才也能知道自己的劣势所在。正所谓"金无足赤，人无完人"，既然人人都有缺点和不足，每个人当然要进行自我管理，才能让自己更好地发展，也获得卓有成效的成就。进行自我认知之后，还要进行自我定位，才能真正看清楚自己。作为自我管理者，我们每天都应该对着镜子里的自己提问："你今天做到了什么？达到目标了吗？有哪些方面需要改进？"古人云，一日三省吾身，目的就是让我们始终牢记自己的人生目标，从而做到有问题及时发现、及时解决。任何时候都不要回避问题，因为逃避非但不能解决问题，反而会导致问题更加糟糕。

人生是漫长的，在人生之中，如果没有目标，我们就会像一叶扁舟一样在人生的海洋上四处飘荡。很多朋友都知道目标的重要性，目标恰如人生的引航灯，能够帮助人始终保持正确的方向，不会偏离既定的航道。明确的目标还能帮助人们走最佳的捷径，从而让努力和奋斗事半功倍。

当我们驾驶人生的扁舟朝着既定目标不断前进时，难免会遇到风雨泥泞，也会遭遇大风大浪。在这种情况下，我们更要调整好自己的心态，从而做到专心、静心，有效释放生活上和工作中的压力，避免因为情绪波动起伏和性格急躁，导致不知不觉中犯下严重的错误。众所周知，人最大的敌人就是自己，一个人唯有管理好自己，尤其是管理好自己的情绪，才能让努力更有效率。否则，人一旦陷入冲动之中，被冲动的魔鬼胁迫，就会事与愿违。

人生从来不是一帆风顺的，没有任何人能够凡事顺心如意。唯有保持平静淡然的心态，坦然迎接人生的一切，我们才能悦纳生命，也才能完善生命。

当然，人对于自己的管理不仅仅局限于这些最基础的方面。现代社会，每个人的生存压力都很大，甚至新生儿从呱呱坠地就开始面临激烈的竞争。一个人的自律，还体现在督促自己不断地学习、坚持充实自己等方面。所谓"活到老，学到老"，告诉我们学习再也不是学生的专利，而作为一个社会人，我们必须拥有空杯心态，始终怀着谦虚努力学习。常言道，生活如同逆水行舟，不进则退，假如我们一直因为生活而感到苦恼，甚至遭遇小小的挫折和磨难就放弃生活，那么我们当然会退步。所以哪怕只是作为自己的管理者，我们也要拥有先进的学习理念，不断地提升和完善自我，从而让对自己的管理也与时俱进，更加成熟和完善。

李嘉诚先生小时候生活困苦。对于自我管理，他深有感触。他告诉人们，自我管理是静态的，是培养理智的沃土，能够促使人们把所学的知识和经验都转化为实实在在的能力。总而言之，自我管理不但是对自己的激励和促进，也是对自己的提升和完善，更是每个人实现自身价值必须经历的途径和必须采取的手段。现代社会中，每个人都需要自我管理，不管是普通的职员，还是公司的高层管理者，实现自我管理都相当于迈出人生成功的第一步。

还记得热播的励志电影《摔跤吧，爸爸》吗？每一个看过这部电影的人，都被影片的主角——爸爸和两个女儿深深感动。然而，更多人不知道的是，扮演爸爸的印度演员阿米尔汗，本身就是一个非常励志的人，他自我管理的力度和效果让很多人都对他钦佩不已。在拍摄电影之初，他居然增肥到190多斤，体脂比重达到36%。然而，在扮演完胖爸爸的角色后，他又利用5个月的时间减肥54斤，体脂也降到9%。看到这里，肯定有很多读者朋友会感到纳闷："为何不先拍摄强壮的爸爸，然后再增肥扮演胖爸爸呢？"对此，阿米尔汗告诉大家，他之所以先增肥，就是为了让自己有动力减肥演强壮爸爸的角色。他如果先扮演强壮的爸爸，然后增肥演胖爸爸，那么他就会缺乏动力减肥，也会导致自己胖下去。由此可见，阿米尔汗不但是一个善于自我管理的人，而且他很清楚自己最看重的是什么，所以也能逼迫自己朝着既定的目标不懈努力。

总而言之，自我管理对于每个人都非常重要。一个人只有真正实现自我管理，才能距离成功越来越近。现实生活中，很多女性朋友在生完孩子之后都身材走样，爆肥或者皮肤松弛，而那些女明星大多数都恢复很好，完全看不出生过孩子的样子。归根结底，就是因为她们很看重自己的事业，也很擅长自我管理，所以才会在生完孩子之后马上就恢复身材，也才能让自己的事业发展得越来越好。正所谓"一分付出一分收获"，这句话在任何时候都是很有道理的。

第二章　对号入座：估算你的自律值

每个人都是这个世界上独一无二的个体，每个人对于自己的要求和标准也都是不同的。当然，每个人的自律表现也各不相同。有的人严格自律，对自己绝不放松一丝一毫，最终使自己过得如同苦行僧一般。需要注意的是，自律不是自残，也不是自虐，同样需要讲究适度。有些人恰恰相反，对自己总是过于宽容，导致不断放松对自己的要求和标准，最终对自己放任自流，人生也充满了无奈的懈怠。

如何成为理想中的自己

每个人对于自己的人生都有过梦想和憧憬，甚至还无数次幻想过自己理想中的样子。遗憾的是，现实生活中，真正能够成为自己理想中样子的人少之又少。难道生活是个哈哈镜或者凹凸镜，总是把人照得变形了吗？生活尽管不是哈哈镜或者凹凸镜，但是生活却具有改变人的功能，很容易就会使人露出本来的面目，或者成为本不想成为的样子。

如何才能成为理想中的自己呢？人们对此各抒己见，却不能把话说到点子上。的确，自我管理是很难做到的，对每个人也都至关重要。因而，我们必须更加认真研究自我管理，才能有效改变自身的行为习惯，也才能不断提升和成就自己。

每个人在生活中都扮演多重角色，一个男人在家里既是儿子，也是丈夫，还是父亲，在公司里既是上司，也是下属，还是甲方或者乙方，与此同时，他还是朋友、同学与同事……总而言之，他的角色多种多样，他或者能够扮演好大部分角色，也或者会在这复杂的角色丛林中迷失自己，变得连自己都不认识自己了。要想取得各种角色之间的平衡，要想成为理想中的自己，每个人都要付出极大的努力。尤其要有自律力，才能让自己始终保持理智和冷静，也才能越来越接近自己的理想。

作为一名企业高管教练，在很长一段时间里，刘伟的工作就是帮助那些高管改变自己，成为理想中的自己。的确，这听起来很容易，但是做起来却很难。一个人总是轻而易举就能想象自己理想中的样子，但是要让他们真正变成那样，却是难上加难。毕竟每个人都有自己惯常的行为习惯，甚至还有固定的思维模式，而改变一旦发生，就要把一切都推翻，才能建立新的秩序和行为习惯。这就像打碎一个旧世界，建立一个新世界一样，难度很大。

其实，要想让那些企业高管变成自己理想中的样子，作为教练，刘伟对待他们的方式非常简单粗暴，而且直截了当。首先，刘伟会先倾听高管，了解高管的所思所想。其次，刘伟会了解高管工作的环境，以及高管的客户是怎样的情况，甚至还会向高管的上司、下属、同事与客户打听高管的情况，从而对高管达到深度解析。在通过各种渠道积累大量信息之后，刘伟针对这些情况和高管展开交流，从而了解高管的行为习惯，也让高管主动作出选择。

接下来，刘伟的工作就变得简单了。他只要想方设法督促高管积极地改变自己，并且坚持改变，高管很快就会脱胎换骨，从而变得截然不同。当然，前提是要牢记高管的核心利益，绝不能偏离方向。在看到改变之后，刘伟自然会得到相应的报酬，而高管也对刘伟的工作感到非常满意。

人人都是幻想家，也都是理想家。遗憾的是，理想总是丰满的，现实总是骨感的。尤其是当切实去改变那些长此以往形成的行为习惯时，难度会加倍增长。要想成为理想中的样子，不但要戒掉很多不好的思维和行为习惯，还要帮助自己建立新的、好的、积极的行为习惯。然而，人非圣贤，每个人都有七情六欲，行为习惯一旦养成，要想破除难于登天，也给形成好习惯增加了难度。看到这里，也许有些朋友会觉得这是耸人听闻，不就是养成好习惯吗，没什么难的。先别着急否定这些"耸人听闻"的言论，而要静下心来问问自己：迄今为止，我有多少次想要改变，但是最终都以失败而告终了呢？哪怕是一件小事情，我能做到马上改变吗？在产生改变的想法之后，我又拖延了多久才开始真正去做，或者直到现在也没下定决心展开行动？……这一系列的问题最终会难倒你，使你意识到改变并不是那么容易发生的，也从来不会轻而易举实现。

当然，除了改变自身带来的障碍之外，我们之所以无法变成自己理想中的样子，还因为我们总是抗拒改变。我们不承认自己真的需要改变，而是自欺欺人，觉得自己一切安好，一切都是最好的样子。实际上，这个世界上既没有绝对完美的人，也没有绝对完美的生活，我们不得不为自己找很多借口，才能勉强接纳并不完美的自己。所以，不要再自诩不需要改变了，要记住，你只是个普普通通的人，而不是无所不能的造物主。

在意识到自己需要改变之后，很多人在真正改变之前，依然对改变不以为然。他们从不认为改变是什么难度很大的事情，这主要是因为他们没有意识到自身惯性的强大力量。现实生活中，很多人已经有一个想法很久了，但是却始终没有付诸实践，他们等待和拖延的时间不是几天，也不是一两个月，而是一两年或者三五年。惯性的强大作用往往使我们无法抗拒，也使我们无法正式开启改变的按键。

当然，有些朋友虽然意识到改变的重要性，也知道改变需要戒除很多坏习惯，才能建立新习惯，但是他们却不知道如何改变。一个人，从萌生新的想法，到真正决定去做，再到做的过程中不断调整和推进自己，这三者之间很难一气呵成，大多数人都要经历长久的思考和努力，才能渐渐地获得好的发展。可以说，这三个要素缺一不可，否则改变就无法达成。

总而言之，除非我们心甘情愿变成自己理想中的样子，否则没有人能够让我们真的改变。这就像说服一个人必须使他们心服口服一样，我们要想改变自己，也必须首先让自己心服口服。那么，朋友们，从现在开始，就意识到改变迫在眉睫吧，也许你会对改变有不一样的感受和体验。

你是低级执行者还是高级策划人

为什么每个人距离自己理想中的样子都相去甚远？为什么每个人

明知道自己应该怎么做，却总是做不到？为什么我们费尽心思完成了计划，却始终无法实现计划，或者无法切实执行计划呢？很多人都面临这样的问题，不停地问自己，却始终找不到答案。归根结底，这些问题和亚里士多德一样年代久远，如果想找到这些问题的答案，我们必须回到职业生涯开展的初期，才能追根溯源，让自己有一个相对清晰的思路。

如今，职场上竞争非常激烈，每年都有无数的大学生毕业，因而大学生如今并不是稀缺人才，要想找到合适的工作，真要费一番周折。即使在找到工作之后，对于初入职场、毫无工作经验的大学生而言，要想把工作做好，只怕也是很难的。很多大学生初入职场，眼高手低，理想很远大，但是实际工作能力以及动手操作能力都很差，这也使他们根本无法把工作做得圆满到位。而有些大学生呢？既没有工作经验，也没有把所有心思都用到工作上，最终导致眼低手也低，可谓一无是处，可想而知，他们根本无法在工作上取得好的发展。到底是当高级策划人，还是当低级执行者，不管在这两个选项中单纯地选择哪一项，对于大学生而言都不是好的选择。唯有摆正心态，端正态度，同时确认知和评价自己，大学生才能准确定位自己，也在工作上有突出的表现。

大学毕业后，露西和莉莉进入同一家公司工作，原本是同学的她们，如今又成为同事，因而相约一起努力奋斗。露西和莉莉对待工作都很积极认真，她们很勤奋，几乎每天都主动提前来到单位，晚上在别人下班之后，还会留在单位加班，然而，一段时间之后，露西与莉莉在工作上却出现分水岭，露西得到了老板的赏识和提拔，成为项目组的成员，而莉莉依然是最基层的员工，工作上毫无起色。这到底是为什么呢？

原来，有一次领导分别派给露西和莉莉一个任务，让露西和莉莉根据公司的往年销售业绩做一份报表，从而作为公司发展的大数据。其实，露西和莉莉都是第一次听到大数据这个概念，她们大眼瞪小眼，谁也不知道大数据的意思。下班之后，露西没有急于做文件，而是先在百度上查了大数据的意思，也对大数据有了基本的了解，知道了领导的目的和用意，这才有的放矢开始做文件。而莉莉呢，完全是把数据汇总，因为不知道领导的意思，她的文件做得乱七八糟，看起来没有太多的参考价值。在被领导批评之后，莉莉还为自己辩解："我不知道大数据是什么意思。"领导马上反问："那么，露西是你的同学，她是如何知道大数据的意思，并且把文件做得非常到位的呢？我建议你多多向她请教和学习。"

从此之后，领导再有重要的任务，总是交给露西去完成。虽然有很多工作项目对于露西而言具有挑战性，但是露西很愿意不断学习，从而让自己获得更大的进步。也正是在不断克服工作困难的过程中，露西得到成长和提高，最终获得了晋升。

露西和莉莉出自同一所学校，因而她们的教育经历和各方面的综合素质相差无几。与此同时，她们也都非常努力，对待工作勤奋认真。然而，露西之所以能脱颖而出，得到领导的认可与赏识，是因为她不甘心成为低级执行者，而是在工作中发挥自己的主观能动性，从而成为工作的高级策划人。哪怕从事最基础的工作，没有太大的空间发挥自己的主观能动性，她也非常明智和主动，怀着谦虚的态度努力学习，从而把领导的工作安排执行到位。相比起"懒惰被动"的莉莉，领导当然更愿意把工作交给露西来完成了。

人在职场，不要偷懒，不管是刻意偷懒，还是在遇到不懂的概念时不主动学习，都是对工作会产生负面影响的偷懒行为。尤其是现代社会知识大爆炸，知识更新的速度越来越快，每个大学生在结束学业步入工作岗位之后，都要坚持自我提升，才能查漏补缺，丰富工作的经验，也把工作做得越来越好。哪怕职位很低，没有更大的空间发挥自己的才华，也要在工作中发挥主观能动性，从而把工作做到尽善尽美，让上司满意。当然，随着职位的提升，也要注意不要脱离基层的工作。古代的君主都知道"水能载舟，亦能覆舟"的道理，我们更要扎根于群众，扎根于最基层的工作，才能发挥管理才能，让管理工作更加到位，事半功倍。总而言之，一位优秀的职场人士，既不满足于当低级执行者，也不会盲目地当高级策划人，而是会提升自我，从而把自己的绝佳工作创意变成现实，也最大限度理解上司的用意，把工作做得让上司满意。

你为何因为改变而恐惧

如今的时代是一个挑战的时代，生活和工作中无时无处不充满挑战。然而，即便如此，还是有很多人不敢挑战，更不敢尝试，因为他们害怕一旦尝试就会遭遇失败，对失败的恐惧让他们裹足不前，也让他们只能被动地等着被挑战，或者被时代的洪流淹没。众所周知，人生虽然漫长，却也如同白驹过隙，转瞬即逝。在这种情况下，生活也如同逆水行舟，不进则退。所以改变经不起等待，进步也经不起拖延，也许一眨眼错过了一个机会，生命就变得不可同日而语了。因此，抱着对生命负责的态度，我们理所应当战胜内心的恐惧，迎接改变的到来，也才能不惧怕改变，主动积极地求变。

很多女性朋友都经历过生孩子的阵痛，据专家学者说，生孩子的痛苦远超疼痛的极限——十级疼痛。然而，即便如此，女性朋友们依然前仆后继地履行传宗接代的任务，在挑战自己疼痛极限的过程中，实现生命的延续和传承。实际上，孕育改变和生孩子很有异曲同工之处。在孕育变革的过程中，必然要经历阵痛，但是迎来的却是全新的希望。甚至有的时候，一次改变会影响人的一生，让人生也发生翻天覆地的变化。

遗憾的是，现实生活中，很多人每天都把"生活不止眼前的苟且，还有诗和远方"挂在嘴边，但是却总是沉迷于眼前安稳的生活，不愿意丢掉如同鸡肋一样的工作。在日复一日的拖延中，他们的诗和远方渐行渐远，一去不复返。尤其是那些生活在大城市底层的打工族、蚁族，总想逃离北上广深，却始终无法下定决心奔向属于自己的生活。

大学毕业后，雅琪原本可以留在老家上海工作，但是因为北京有一家国企向她抛出了橄榄枝，所以她独自来到北京闯荡。国企的工作很稳定，也比较清闲，雅琪每天按部就班地工作、生活，几乎每个同学都羡慕她。

然而，没过多久，各个企业实行改制，为了提高工作效率，国企也实行改革。很多年轻人纷纷选择更有吸引力和更有前途的工作，雅琪因为习惯了国企的稳定，不愿意有任何改变。有的同事还特意借此机会跳槽到私企，雅琪对此不以为然，总是说："私企有什么好的，工作压力大，也不稳定，说不定哪天就要卷铺盖走人了。"

有一次，雅琪和之前跳槽到私企的同事聚会，不由得心里酸酸的。原来，那个同事原本在国企名不见经传，如今进入私企，不但成为项目负责人，而且还有机会出国深造。最重要的是，这个同事原本家境贫穷，每个月的薪水都入不敷出，如今到了私企薪水翻了两三倍，不但每个月都有结余，居然还动起了买房的心思。对此，雅琪心中愤愤不平，思来想去，还是舍不得离开国企。就这样，她一直犹豫纠结，直到那个同事已经成为副总经理，她也年近40，终于彻底认命，再也不想折腾了。

现实生活中，有很多人都处于雅琪这样的状态。他们贪恋稳定的工作，又羡慕其他人进入新单位之后生活过得风生水起，工作也得到了更好的发展。为此，他们犹豫纠结，始终无法下定决心，直到人近中年，再也没有机会折腾，才彻底死心。

实际上，与其这样不断地迟疑，不如勇敢地迈出改变的第一步。虽然没有人能保证我们改变之后会更好，但是同样没有人能确定改变只会让我们的生活状态变差。任何时候，我们只有从容坦然面对人生，才能把握人生中各种转瞬即逝的机会，也才能让一切不可能成为可能。退一万步而言，哪怕我们真的失败了，也可以吸取经验和教训重头再来，这样至少我们的人生不会苍白，而是有丰富的阅历，有别人不可相媲美的见识。

人生，不是日复一日，而是要日日常新、日日不同。很多朋友从事稳定的工作，生命几乎可以一眼看到头，因为他们今日所过的生活，就是几十年后退休时的样子。也许有人喜欢这么稳定的生活，也喜欢这样的岁月静好，然而，大多数人还是希望自己活出更多的精彩，也能够让人生更加充实。心理学领域有一个著名的实验，即把青蛙放入沸水之中，青蛙马上就会跳出来，然而如果把青蛙放入温水之中，青蛙就会不停地游来游去。这种情况下，等到水温变得特别热时，青蛙已经失去了基本的跳跃能力，再也无法从温水中脱身出来，为自己赢得生机了。

朋友们，任何时候，都不要因为改变而恐惧。生命之所以精彩，充满了战斗力，恰恰是因为生命中有接二连三的改变。改变，使生命变得与众不同，也使生命日日常新，因为改变而注入新鲜的血液和顽强的生命力。当然，这并非意味着让我们进行盲目的改变，而是要在深思熟虑的情况下，更加积极地探讨人生，深入思考人生的意义，从而为自己作出明智的选择。总而言之，人生，因为改变而精彩，每一个生命的个体，更是因为改变而无所畏惧，最终才能获得充实的人生，收获更多的成功。

有的放矢，改变才能事半功倍

既然改变对于生命如此重要，那么我们每个人都要积极地迎接改变，也要主动地创造改变。当然，凡事皆有度，过犹不及。对于人生而言，盲目地改变也是不可取的。每个人都要从自身的情况出发，考虑自身的优点和缺点，才能结合自身情况作出最理智的选择。除了自己之外，没有任何人能够告诉我们该如何改变。可以说，改变是非常个性化的选择，带有每个人的色彩和鲜明的特点，是不可以照搬和模仿的。

如何才能让改变有的放矢，而避免改变的效果与我们的预期相反呢？首先，我们要明确自己想要改变什么，然后有针对性地进行改变。其次，我们还要把握好改变的度，既不要让改变过度，导致过犹不及，也不要让改变力度不够，否则同样无法达到预期的效果。最恰到好处的改变，会给我们的人生带来惊喜的收获，也能提升改变的效果。

毋庸置疑，每个人都要有优秀的品质，这是做人的基础。就像一棵大树要茁壮成长，首先要保证树根端端正正，扎根很深，否则一阵大风吹过，树就会被刮倒。优秀的品质恰如大树的根基，能保证大树长得更好，成为参天大树。任何时候，人都不要改变自身优秀的品质，这是做人做事的根本，也是一个人立足于世的基础。现实生活中，很多朋友因为急功近利，恨不得第一时间就收获更多，因而在坚持一段时间做人做事的原则之后，就会向残酷的现实妥协。殊不知，这样的改变非但对于人生没有任何好处，反而会使人走弯路，导致人生迂回曲折，很难到达目的地。

在具备优秀的品质之后，我们可以反观人生，看看自己对于人生的哪些方面不够满意。如果觉得自己知识储备不足，那么如今社会上有那么多自我提升的方式，我们可以选择最适合自己的方式提升自己。如果觉得自己在工作中进入了"瓶颈"期，那么也可以找机会突破，积极求变，而不要为了稳妥起见就始终非常保守，不愿意有任何改变。如果对爱情不满意，也可以积极地改变与伴侣之间的关系，从而给予伴侣好的引导，也在双方的共同努力下，让爱情变得更生动。总而言之，不管是怎样的改变，都会给人生带来各种各样的变化，而这些变化最终的结果是好还是坏，实际上取决于我们自身。

很多人的人生之所以一成不变，除了本身性格原因以外，很有可能是缺少远大的目标和长远的规划。一个人如果对人生目标明确，那么他们往往能够实现自己的雄心壮志，也会在人生的道路上不断前进，坚持拼搏。而一个人如果对于人生始终没有长远规划，更没有明确目标，那么他们面对人生必然很懵懂，根本无法找出切实有效的方法来改变人生。总而言之，我们必须首先想到要改变，才能真正把改变落到实处，才能让改变成为可能。反之，假如一个人从未想过要改变，那么他们必然无法把改变提上日程，甚至没有任何改变的计划。人们常说心态决定一切，其实改变也是由心态决定的。

几个月之前，珍妮有一个特别好的跳槽机会。那家公司给予她更优厚的条件。然而，珍妮面对相处好几年的老板，不忍心就这样什么也不说地直接辞职。为此，她把自己面对的情况告诉老板。这个时候，老板当然不愿意放走勤奋的珍妮，因而想出各种理由挽留珍妮，甚至愿意给珍妮涨工资到和那家挖墙脚公司差不多的水平。看到老板如此器重自己，珍妮也很感动，最终，她决定拒绝那家公司，尽管那家公司的规模更大，经济实力更雄厚。

然而，好景不长，才过去几个月，珍妮突然被老板炒鱿鱼了。老板没有对珍妮作出任何解释，只是说公司里进行人员调整，必须精简开支，而珍妮的职位一直很重要，此刻也变得可有可无了。珍妮为此愤愤不平，要知道，就在几个月之前，她还放弃了千载难逢的好机会，选择留在老板的身边，继续与老板并肩作战。而此时，一夜之间，她就失去了工作，也没有任何收入。至于为何要这么仓促地辞退珍妮，老板甚至连一个理由都不愿意给。珍妮不仅因为失去工作难受，更觉得自己像是被出卖了，变得很无助。她整日怨声载道，根本不愿意面对这样尴尬的局面。也正因为如此，她找工作的时候总是态度消极，似乎整个世界都背叛了她一样。可想而知，虽然珍妮一直在努力地找工作，但是没有任何结果。

一天，珍妮百无聊赖，便拿起之前的一本书开始看。书里的一段话启发了珍妮，让珍妮意识到她应该积极地改变，尤其要改变消极的心态。她确定自己之所以颓废沮丧，真是消极的心态在作祟。为此，她决定振作起来，先让自己变得积极，然后再想办法解决问题。从那一刻开始，珍妮开始转换思维，消除沮丧的情绪，有意识地鼓励自己，让自己变得乐观起来。她几乎每天早晨起床之后和晚上睡觉之前都告诉自己，我很努力，我很优秀，这一切都是最好的结果。我相信我能重新开始，我相信老板也有他的苦衷，我相信这一切都是我应该面对的。就这样，珍妮渐渐地消除了心中的愤懑和抱怨，也不再憎恨老板。相反，她把这次失去工作当成人生中崭新的开始，甚至感谢上帝给了她这个获得重生的机会。很快，珍妮找到了新的工作，而且这份新工作远远比上一份工作让她满意。

人们常说，心态改变人生。这句话听起来似乎有些绝对，其实，心态的力量就是如此强大。当然，积极的心态并非人们想象的那样，似乎拥有神奇的魔力，能给失业者提供一份工作。实际上，积极的心态无法对我们起到实质性的帮助，但是却能够让我们对待人生更加积极乐观，也可以让我们在失意的时候保持乐观和冷静，从而帮助我们改变命运、主宰人生。

朋友们，当你觉得人生陷入困境无法自拔的时候，不要再对人生感到失望，要记住不是人生亏待了你，而是你的消极沮丧亏待了人生。不管面对怎样的境遇，假如你能够勇敢乐观地面对，那么相信一切阻碍都会不复存在，因为你内心里的希望和力量，会帮助你渡过难关。尤其是在面对改变时，如果觉得无从下手，那么就认真分析自己的状况，然后从改变心态开始做起吧。心若改变，世界也随之改变，当你改变心态，你就会领会这句话的神奇力量！

最便捷的自律养成法

很多人都误以为自律的养成是非常艰难的，也以此为借口放纵自己，任由自己任性而为。实际上，自律的养成并不像我们想象中那么难，只要你真正开始自律，做更好的自己，那么接下来就是坚持去做。也许有朋友会说，坚持是最难的，那么不如扪心自问：每天一日三餐，还要睡那么久的觉，也很难坚持，为何你数十年如一日地坚持下来了呢？看到这个问题，肯定有很多朋友会哑然失笑：吃喝拉撒睡是人的本能，也是必须满足的生理需求啊，不做到怎么能行呢？没错，你正是因为意识到吃喝拉撒的重要性，所以再难也能坚持。那么我们是否可以理解为，你之所以无法养成自律的习惯，恰恰是因为你发自内心不重视自律，也并不认为自律是必不可少的人生素质呢？既然如此，要想养成自律，最重要的就是先形成对自律的重视，从而才能有的放矢，养成自律。

从本质上而言，自律就是开始良性循环，而且坚持下去。自律的确说简单就简单，说难就难，因为自律的人往往要放弃很多本能的举动和选择，例如，碳酸饮料固然好喝，却不能多喝；冰激凌蛋糕非常好吃，却要告诫自己那是垃圾食品，因而对其敬而远之。众所周知，糖尿病是富贵病，如今，很多老年人甚至是年轻人，都得了糖尿病。虽然糖尿病不会马上要人命，但是一旦管不住嘴巴，就会引发严重后遗症，危及生命。所以糖尿病人要想活命，必须管住自己的嘴巴，千万不要吃那些禁食的食物。当然，自律不仅要从疾病的角度展开，哪怕是在日常生活中，我们也常常需要自律，才能获得更好的发展。

当然，要想实现自律，只有理智上的认知是远远不够的，还要有超强的自制力。所谓自制力，顾名思义就是自己控制自己的能力。很多朋友缺乏自制力，总是推翻自己的所谓计划、规划和志向等，前一刻还在信誓旦旦要获得成功，后一刻却因为放纵自己而离失败越来越近。不得不说，不管是自律还是自制，都需要顽强的毅力作为自控力。

一个能够初步自制且能真正实现长期自律的人，才是真正战胜了自己的人生强者。他们从不贪享口舌之欲开始，也逐渐战胜很多人性的弱点，从而让自己越来越强大。现代社会，随着生活水平的提高，很多人都身体超重，导致身体也频繁亮起红灯，身体状况处于亚健康状态。实际上，如今因为营养不良导致身体变差的情况很少发生，大多数现代人都是因为吃得太好、运动太少才惹上肥胖，从而导致身体状态变差的。在这种情况下，一定要"管住嘴，迈开腿"，才能让生命渐渐恢复活力，也才能远离疾病的困扰，更好地生存。

当然，说了这么多，如何才能方便快捷地养成自律的好习惯呢？这是一个值得认真思考和慎重对待的问题。实际上，自律的养成并不复杂，只要完成以下几个阶段，我们就会成为一个自律的人，也会拥有自己对于生命的掌控权。

首先，要给自己设定目标。人生总是需要目标的，远大的目标是人生的方向，而短期的激励则是那些中短期目标。人生不仅需要长期目标，更需要短期目标，实现短期目标就是对自律者最好的激励，也能让他们心甘情愿地继续努力，再接再厉。当然，为了提升激励的效果，在实现短期目标之后，还可以给予自己适当的奖励，从而让自己振奋精神。

其次，很多人都更看重实质，看轻形式。实际上，从心理学的角度而言，庄重的仪式感能够让人加强自律。举个最简单的例子，假如夫妻二人结婚的时候没有举行任何仪式，那么他们对婚姻的背弃就会轻而易举。相反，假如夫妻二人结婚的时候举行了隆重的仪式，那么他们在背弃婚姻的时候就会考虑到如何向亲朋好友交代，如何面对他人的询问和质疑。当然，这并非说婚姻要靠仪式来加固，而只是从心理学的角度分析仪式对于人的心理状态的影响以及对人心理上产生的约束力。

再次，在自律渐渐养成的过程中，我们还要给予自己积极的心理暗示。心理暗示对人的作用是非常强大的，积极的心理暗示往往能改变人们的心态，让人们变得更加乐观，也更愿意拼尽全力地坚持下去。

最后，当自律遇到障碍和困难的时候，我们还要学会扫清障碍，排除万难。想要自由随性的理由千千万万，随便就能说出若干条，但是不要给自己这样的机会，否则一旦你打破自律的戒律，一切就会如同洪水决堤一样，势不可当。最重要的是要保持完整的自律，也就是说，每天都要按照自律的要求去做，绝不要有任何折扣和妥协的行为出现。当然，为了衡量自律的效果，我们可以把标准量化。例如，一个大学生规定自己每天要背诵5个单词，或者规定自己每天要抽出半个小时的时间熟读英语课文。看起来，这样的付出微不足道，但是如果在自律的支撑下坚持下来，效果一定非同凡响。

总而言之，自律应该是主动自发的行为，如果只靠外界的约束，是很难坚持自律的。所以，朋友们，从现在开始就培养自己有一颗强大的内心吧，当你真正做到了，你才会领略自律的神奇力量。

第三章　定个小目标：让自己每天都活得有意义

对于每个人而言最重要的是每天的生活要有奔头，否则就会活得浑浑噩噩，在不知不觉中浪费了宝贵的青春时光，导致人生一事无成。那么，如何才能让自己每天都活得有意义呢？马拉松冠军山田本一在夺冠之前，做了一件非常重要的事情，那就是把整个马拉松赛道分成若干段，而以特定的标志物作为标志。正因为如此，他在每一段赛道都能竭尽全力地奔跑，从而始终保持遥遥领先。假如我们也把人生分成若干小段，那么必然会充实度过每一段人生，从而实现人生的意义。

自律是一场胸有成竹的冒险

当他人纵情玩乐的时候，你是在阅览室里认真地学习吗？当他人在闲聊天的时候，你正在争分夺秒地背诵英语单词吗？当他人在睡觉的时候，你已经起床开始跑步了吗？当他人对待工作三心二意的时候，你能否为了工作坚持每天多付出一点点？实际上，这一切都是获得成功必须付出的代价，没有人能一蹴而就获得成功。然而，要想获得成功除了点滴地付出之外，最重要的是管理好自己，坚持不懈，持之以恒，才能聚少成多、聚沙成塔，最终克服自身的懒散行为习惯。毫无疑问，这需要极强的自律。

有人说，自律是一场胸有成竹的冒险，这句话很有道理。和人生中很多冒险根本不知道结局不同，自律作为冒险行为，是可以帮助我们获得预期结果的。所以说，自律不是漫无目的的冒险，而是一场胸有成竹的冒险。只要我们的自律力够强，就很有可能获得最终的成功，从而如愿以偿达到自己的目的和心愿。然而，自律并不是那么容易做到的，毕竟人有趋利避害的本能，也会因为各种各样的事情导致缺乏决断力，放松自己。要想拥有超强的自律力，首先要能够战胜自己的本能和惰性。常言道，有志者常立志，无志者立志常，这句话告诉我们有志气的人一旦立下志向，就能坚持完成志向，而没有志气的人哪怕暂时立下志向，也会因为无法坚持下去导致志向半途而废，最终人生一事无成。

很多减肥的朋友信誓旦旦要节食，要轻断食，但是却因为有太多的口腹之欲需要满足，只坚持了一餐，就彻底放弃了。有的朋友想开公众号，还计划出版自己的图书，但是眼看着几个月过去了，结果书完成了还不到1/10。不得不说，这些朋友都是因为自身缺乏毅力坚持，导致很多事情都半途而废，也导致自己最终一事无成。自律的冒险不是盲目的，不是随随便便就能完成的。唯有怀着坚定不移的心态，坚持做好自己该做的事情，并且长期坚持下去，一切才能如愿以偿获得成功。所以，朋友们不要再抱怨命运不公平，要想一想自己是否进行了胸有成竹的冒险，是否真的下定决心要改变自己，成就自己。当你做到了这一切，你才有资格奢求更多人生的回报。

从本质上而言，自律就是在面对诱惑的时候用理智来控制自己的本性或者惰性，从而放弃暂时的享乐，而争取得到更多的收获。只有战胜自身欲望和本能的人，才是真正的自律者。也可以说，战胜自我，是自律的基本前提条件。

很小的时候，贝利就在踢足球方面表现出极高的天赋。因为家里穷，买不起足球，父亲就把废旧的报纸和零碎的布料边角料塞进一只硕大的袜子里，然后尽量使其变成圆形，外面再用绳子捆扎住，使其变得更结实。就这样，贝利有了人生中第一只足球。贝利很喜欢这只足球，每天都勤学苦练，没有球门，他就自己想象球门的存在，哪怕摔倒流血，他对足球的喜爱也丝毫没有减弱。

随着不断的勤学苦练，贝利居然小有名气，有些人在和贝利打招呼时，还会递一支烟给贝利抽。和所有半大的孩子一样，贝利抽烟的时候觉得似乎成了男子汉，因而他很迷恋抽烟的感觉，甚至后来还会向别人要烟抽。有一次，父亲在街上正好看到贝利向别人要烟抽，不由得脸色变得非常难看。贝利感到心虚，赶紧低下头，不敢直视父亲的眼睛，他如芒在背，也知道父亲正在失望而又绝望地看着他。回到家里，父亲以低沉的声音问贝利："你是在抽烟吗？"贝利一声不吭，父亲继续追问："我眼花了吗？"贝利这才嗫嚅着说："是的，我抽烟了。"父亲严肃地问："多久了？"贝利头也不敢抬，继续低头说："前几天，只有几次……"父亲又问："抽烟的感觉好吗？"贝利犹豫不决，不知道该怎么说，突然他看到父亲抬起手，赶紧下意识地用手捂住自己的脸，原来他误以为父亲要扇他大耳光，却没想到父亲伸出双臂，把他紧紧地搂在怀中。父亲语重心长地告诉贝利："孩子，你在踢足球方面很有天赋，你很有可能成为一名优秀的球员。但是假如你沾染上烟酒的恶习，那么你就无法在踢球的时候始终保持高水准，尤其是你的体力会下降，让你无法踢完完整的一场球。人生的道路掌握在你自己手中，至于何去何从，你自己拿主意吧！"

说完，父亲还拿出一些钱来给贝利，贝利如果想抽烟，就自己买，不要总是向别人要。贝利觉得非常羞愧，然而等到他终于选择好人生的道路鼓起勇气面对父亲时，却发现父亲已经泪流满面了。从此之后，贝利再也不抽烟了，他发愤图强练习踢足球，最终成为举世闻名的大球星。

贝利战胜了心中对于抽烟的好奇，尤其是在父亲的包容下，他选择戒掉香烟的诱惑，转而专心致志地练球，才能最大限度发挥自己在足球方面的天赋，最终成为一代球王。任何人要想在人生中有所成就，都要经历这样的冒险。幸好，自律是有预期的冒险，是胸有成竹的冒险，所以也给予我们更大的动力，鞭策我们不断地努力奋进，产生极强的自我约束力，也最终让成功不期而至。

当然，要想实现自律，实现预期的目标，首先要有超强的自制力。一个人唯有战胜自我，控制好内心的欲望，始终督促自己朝着伟大的志向前进，才能坚持自律，距离成功越来越近。

人生有规划，才会越变越好

对于任何人而言，人生都是一趟只有去路没有归程的旅途。在人生的漫长道路上，很多人都漫无目的，就像是无意间闯入世外桃源一样，这里摸摸，那里看看，总而言之，无法成功地打开人生的大门，导致人生完全被错过，最终一事无成。实际上，如果展开调查，我们会发现大多数朋友对于人生都充满了无数的幻想和想象，他们憧憬未来，也描画未来。然而，他们因为拖延和懒惰，最终把这些绝妙的想法都变成了空想，使它们对于人生的成功没有产生任何有益的作用。那么，如何才能有效规划人生，也让规划促使人生事半功倍呢？常言道，好记性不如烂笔头，明智的朋友会发现，与其把规划保留在脑海中，直至烟消云散，不如把规划写下来，这样至少给予自己一种承诺。为了提高实现规划的效率，如果是职场人士针对工作的规划，还可以把规划当着众多同事的面宣读，这样当事人就会觉得自己受到监督，从而意识到必须努力实现规划，否则自己在同事面前的形象就会大打折扣。这就是形式感和仪式感给人们带来的压力，作为现代职场人士，更应该以此来督促、鞭策和激励自己。

细心的朋友会发现，一个人如果生性邋遢，把自己的房间及办工室弄得乱七八糟，那么他们的生活也往往如同一团乱麻，在工作上更没有出色的表现。而那些做事情井井有条的人，生活中和工作上也更有条理，他们不但把家里收拾得干净清爽，而且把工作也处理得准确到位。相信大多数人都更愿意与这样的人在一起生活和工作，因为他们的规划，人生变得事半功倍，也效率倍增。

1984年，国际马拉松邀请赛在日本东京举行。日本选手山田本一参加了比赛，他原本没有任何名气，身材也很矮小，但是却赢得了世界冠军。很多人对于山田本一的取胜都感到很惊讶，记者也蜂拥而至，采访山田本一是如何获胜的。对此，山田本一只是淡然说道："凭借智慧取胜。"显而易见，人们对于山田本一的回答并不满意，哪怕很多事情都需要用到智慧，但是人们依然觉得马拉松比赛并不需要智慧，只是需要体力和耐力。因而，人们最终总结山田本一只是侥幸获得冠军，并没有实力。

后来，又一届国际马拉松邀请赛在意大利的米兰举行，山田本一作为上一届的马拉松比赛冠军，自然又参加了比赛。然而，正当人们这次都等着看山田本一出洋相时，没想到山田本一再次赢得冠军，这简直让每个人都大跌眼镜。这次，人们相信山田本一是有能力的，因而记者再次采访山田本一，请他分享夺冠的经验，不想山田本一依然不显山不露水地说："凭借智慧取胜。"这次，大家不觉得山田本一是在故弄玄虚，而觉得山田本一不想分享自己的夺冠经验，也就不再追问了。直到10年后，山田本一出版自传，他"凭借智慧取胜"这句话才得到正解。

原来，每次参加马拉松比赛之前，山田本一都会预先熟悉比赛的道路，从而利用各个标志物把比赛道路分成若干段。这样一来，他会先竭尽全力跑向第一个比赛目标，然而再跑向第二个比赛目标，以此类推，他在跑向每一个比赛目标的过程中，都会加快速度，整场比赛下来，他当然遥遥领先了。而其他马拉松比赛的选手，在一开始的时候虽然跑得很快，但是随着比赛不断推进，他们渐渐乏力，自然就落在人后了。

与其说山田本一是凭借智慧取胜，不如说他是凭借努力规划赛道才取胜的。他的确充满智慧，知道漫长的赛道会导致自己心力交瘁，因而他把赛道划分成若干段，这样一段一段地奔向目标，他始终能够看到比赛的成果，也能够不断开始崭新的赛程，自然精力充沛，而且也丝毫不觉得心力交瘁了。所以，朋友们，我们也要学会用智慧取胜，就像聪明的山田本一一样，在原本要凭借体力和耐力取胜的马拉松项目中，也轻轻松松赢得冠军。

当然，前提是要对自己要做的一切都有所规划。很多人习惯了被动地应付事情，而无法做到积极主动地规划事情，从而难以调整自己的心态，把事情做到最好。正如人们常说的，既然哭着也是一天，笑着也是一天，我们为何不笑着度过人生的每一天呢！同样的道理，既然主动面对生活和被动面对生活，给我们带来的结果截然不同，我们为何不主动面对生活呢！积极地规划人生，从而按照规划要求自己，努力上进，这就是积极地规划和面对人生，也能让我们的人生从容绽放，收获丰富。

掌握人生指南针，坚定不移勇往直前

船只在浩瀚无边的大海上航行，需要罗盘的指引，才能始终保持正确的方向。一旦靠近岸边，又需要接受灯塔的指引，才能避免触礁，找到岸的方向。人生也像漫无边际的大海，必须拥有指南针的指引，才能坚定不移勇敢向着既定的目标和方向努力。所谓人生的指南针，就是人生的目标和方向。人生唯有确立目标和方向，才能事半功倍，避免犯南辕北辙的错误。

古人云，欲行千里，先立其志。这句话中，所谓志指的就是人生的理想和志向，也是人生的终极目标。否则，如果在人生这场漫无目的的旅途中四处游走，总有一天我们会陷入人生的被动局面，甚至误入歧途，导致距离自己的人生目的地越来越远。很多朋友也许会问，很多人都把人生目标挂在嘴边，那么到底什么是人生目标呢？说起来高大上的样子，难道想要为爸妈买一套房子在春暖花开的地方，也是人生目标吗？当然，记得在一期歌唱比赛中，有个选手的目标就是为父母在云南买一套房子，这样在东北土生土长的父母就可以去春暖花开的云南安享晚年了。听到一个大男孩说起这句话，不由得心里暖暖的，这是多么伟大而又充满孝心的人生目标啊！简而言之，所谓的人生目标，就是你想在人生中真正收获和得到的东西。不管大小，人生目标都是值得尊重的，值得拼尽全力去实现的。诸如有人梦想成为世界首富，有人梦想让孩子去县城里生活。对于不同的人而言，这些目标都值得拼尽全力去实现。

为何有的人最终实现了自己的目标，而有的人却与自己的目标相去甚远呢？毋庸置疑，后者把目标完全抛之脑后，变成了空想和幻想，而前者却把目标始终记在心里，因而实现了人生中质的飞跃。他们从不狂妄，而是牢记初心，正是因为对于目标的强烈渴望，他们才能渐渐地触动很多与目标密切相关的人生事项，从而距离人生目标越来越近。需要注意的是，很多朋友都把实现目标看得高大上，殊不知很多时候目标是否能实现，未必取决于人生的很多关键大事，而是取决于人生的很多微不足道的小事。人生的转折，往往发生在看似微不足道的瞬间，唯有认真处理好人生的每一个细节，我们才能距离人生目标越来越近。

要想实现人生目标，使人生目标成为人生中切实有效的指南针，人们就要以人生目标激发起自身成功的欲望，激发出自身源源不断的生命动力，这样才能把人生目标和自己在人生中实实在在的举动联系在一起，也才能拥有超强的自制力，抵抗外界的困扰和难堪。著名的成功学大师拿破仑·希尔认为，一个人之所以能够生存下去，并且不断地发展和壮大自己，就是因为他们内心深处拥有欲望。任何情况下，一个人只有在受到欲望的驱使时才会坚持奋斗，不断前进，否则就会对人生无欲无求，也就和遁入空门的出家人一样再也不想面对世俗的纷扰了。从这个角度而言，欲望的作用是双面的，一则能够激励人们不断努力；二则当欲望过度，也会使人陷入欲望的深渊无法自拔。而作为凡夫俗子，我们要想在人生中有更大的成就和更好的发展，就要适度控制自身的欲望，让欲望最大限度为我们提供动力和能力，也帮助我们坚持不懈获得成功。

从成功学的角度而言，一个人只有简单的欲望远远不够。要想让欲望达到能够激励人们获得成功的程度，就要不断激发内心的欲望，而且提升欲望的强烈程度。诸如一个胖人唯有强烈地想要变瘦，才有毅力坚持减肥；一个穷人唯有强烈地想要拥有财富，才能不断地创造和积累财富，直到最终获得成功。相反，一个人如果对于任何事情都怀着似有似无的态度，那么他就无法在欲望的驱使下奔向成功的彼岸。对于每个人而言，外界的力量固然能够推动自己，但是唯有发自内心的强大力量，才能督促我们自身不断努力，爆发出源源不断的动力，在成功的道路上一往无前，勇敢奋进。这就是目标与欲望对于人生不可取代的重要意义。

每个人活在这个世界上都不是完全独立的个体，人是群居动物，因而更容易受到他人的影响，也会受到客观外界很多事情的影响。如果一个人没有主见，就无法确立人生的目标，或者在确立人生目标之后也会不停地变来变去，导致人生反复无常，毫无成果。在人生之中，唯有拥有自律力的人，才能抵抗那些消极的影响，也让自己在坚持不懈的奋斗中距离成功越来越近。同样的道理，一个人如果目标明确，也会变得意念坚定，拥有顽强的意志力，从而在人生的道路上排除万难，始终朝着既定的目标前进。朋友们，不要再迷惘地面对人生了。哈佛大学曾经针对一群年轻人进行调查，最终的调查结果显示，只有那些拥有长期且清晰目标的人，才会在人生的道路上始终坚定不移向着目标前进，直至取得成功，也因为这些人的人生充实有效，往往具有更强大的内驱力。反之，那些没有任何目标的人在一生之中始终浑浑噩噩，因而无法成功地规划和充实人生，导致人生毫无意义，也没有任何成就。因而，没有目标的人生，最终会成为命运的傀儡，任由命运摆弄。哪怕作为普通人，我们要想实现人生的梦想，必须坚持不懈地努力，朝着梦想奋进。

实现短期目标，给自己更多鼓励

每个人都是这个世界上独一无二的个体，因而每个人对于人生的追求也截然不同，甚至每个人对于成功的定义也是各不相同的。在这种情况下，人与人之间完全无须整齐划一追求相同的成功或者渴望实现共同的人生目标，因为每个人只需要对自己负责，而无须把别人的人生照搬到自己身上。确立人生目标非常重要，过高的目标给人带来马拉松比赛式的疲惫，使人觉得哪怕精疲力竭也未必能够实现。过低的目标又让人觉得轻而易举就能实现，因而缺乏挑战性，无法对人起到更大的激励作用。从这个角度考虑，目标唯有高低适度，才能最大限度地实现，也才能激发出人的潜能。还需要注意的是，目标不要定得过于长远，使人根本看不到预期。当然，人生需要一个长期目标作为人生的大目标，作为人生的指南针，与此同时，为了更好地实现目标，我们还需要学会分解目标，从而把长期的目标分解成中期目标，再把中期目标分解成短期目标。这样，当我们通过努力实现短期目标时，就会觉得人生是可以实现的，也会感受到成功的喜悦和满足，这样积极的感情恰恰能够激励我们在人生路上不断前进，也能够激励我们不断迸发出力量，从而继续实现短期目标，最终通过聚少成多的方式，真正获得人生的成功。

细心的朋友会发现，很多人并非没有目标，也并非没有展开实际行动去实现目标，而只是因为他们的目标过于远大，所以他们很容易被远大的目标击垮，发自内心地感到绝望。要想解决这个问题，就要对目标进行分解，从而让目标变成可以看得见、摸得着，而且经过小小的努力就能实现的小目标。那么，如何进行目标分解呢？当然，这并不像山田本一划分马拉松赛道一样仅仅根据距离就能实现分解，而是要考量人生中的很多情况，才能把事情处理得更加圆满。当然，也因为人生是不断向前发展的，所以在分解目标的时候还要以发展的眼光看待人生，也要考虑人生在不同阶段可能面临的诸多问题。这样才能做到合理划分人生的目标，从而让人生成为分段完成的模式，也给予作为生命主体的我们更多的轻松和更多的希望与满足。

为自己制订目标时，千万不要好高骛远。例如，如今职场上很多刚毕业的大学生，他们在为自己制订目标时就犯了眼高手低的错误。在找工作上，很多大学生都自以为了不起，因而对自己信心满满，希望自己找到高薪水、低付出的工作。殊不知，这样的工作很少存在，或者说即使存在也不属于毫无工作经验和人生阅历的大学生。哪个人在初出茅庐的时候不需要付出更多的努力呢？大学生尤其如此。他们一无经验，二无资本，尤其是很多大学生在毕业之时，学校里学到的很多知识就已经处于过时的状态，所以如今的大学生从大学校园毕业并非意味着可以不用学习，而是意味着人生从此进入持续学习和终身学习的阶段。所以，作为大学生，唯有准确定位自己，才能合理分解人生目标，使远大的人生目标成为一个个切实可行的小目标，也能够得到良好的贯彻执行。

大多数人都是好高骛远的，都喜欢夸大自己的能力，也喜欢让自己变得不可战胜，却不知道自己根本没有想象中那么伟大和无所不能。同样的道理，大多数人都是这个世界上普通而又平凡的存在，经不起自高自大。那么就让我们理智地认清楚自己，让自己变得更从容坦然面对人生，客观平实评价自己，从而在人生的道路上一步一个脚印，踏踏实实向前走去。

这个世界上从来没有天上掉馅饼的好事，更不会有一蹴而就的成功。任何情况下，我们必须学会调整目标，才能一个台阶一个台阶地向着人生的巅峰攀登。在设定目标的时候，我们就要考虑到目标的可行性，及时对目标进行分解，这样才能避免因为目标过于远大和无法实现，而导致自己心力交瘁。具体而言，我们可以先写出大目标，然后再用逆向推理的方法，问问自己如何才能创造条件实现这些目标，再以此类推，直到把目标分解成我们经过努力就能实现的难易程度，接下来就是不遗余力去做。总而言之，自律的养成是漫长的过程，绝不是朝夕之间就能实现的，尤其是通过人生目标来管理和指引自己的人生，更要长远规划，未雨绸缪，才能让一切都尽如人意。既然如此，朋友们，不要再犹豫了，记住，你需要对自己的人生全权负责！

为自己喝彩，才能持续进步

在成长的过程中，每个人都希望自己面面俱到地成长和发展，从而成为人生的全能手，殊不知，人的时间和精力总是有限的，一个人不可能把人生三百六十度无死角地掌握和操控好。既然如此，那就总要有所取舍，才能在人生的道路上集中火力，把自己该做的、想做的事情做好，从而做到在某一个方面出类拔萃。

尤其是善于自律的人，更是能够作出明智的思考和选择，让自己发展人生的长处，形成核心竞争力，而不是一味地弥补人生的短处，最终最好的结果也就是全面均衡发展。但是，现代社会并不需要面面俱到的人才，由于行业分工日益严格，用人单位对于人才的专业化程度也要求越来越高，这种情况下，与其让自己被动地接受挑战，不如主动发挥自己的优势和特长，从而让自己成为不可取代的专业人才。很多人在面临人生的选择时都会犹豫不决、迟疑不定，甚至瞻前顾后。殊不知，唯有果断取舍，才能避免错失良机，也才能在人生的道路上不断前进，减少徘徊的时间。

的确如此。与其面面俱到，在每个方面都不出彩，不如选择一个自己最擅长或者最喜欢的方面去发展，等到取得成就之后，自己也会受到鼓舞，从而更加充满信心，努力奋斗。一个人如果总是为自己喝彩，他们就能持续获得成功，也能不断地获得进步。如此一来，人生自然如同芝麻开花一样节节攀升，人生中的很多困境也就迎刃而解了。

遗憾的是，现实生活中总有些选择恐惧症患者，他们面对选择总是无从抉择。就像是面对人生的十字路口一样，他们不知道应该从前后左右中选择哪个方向，因为从目前来看，每个方向都是完全相同的。实际上，没有任何人能够准确地预知未来，很多成功者之所以获得成功，是因为他们拥有赌徒的精神。他们结合现实和自身的实际情况，在经过慎重思考之后果断作出选择，最终哪怕承担失败的巨大风险，也无怨无悔、一往无前。等到真正获得成功之后，他们不但自己为自己喝彩，也赢得了他人的认可和肯定，因而能够收获最好的结果。退一万步而言，他们就算是失败了，至少也知道了哪条路不能走，从而为自己积累了经验。众所周知，爱迪生是举世闻名的发明大王，也是发明电灯的人，给全世界都带来了光明。然而，很多人不知道爱迪生为了找到最适合做灯丝的材料，整整尝试了1000多种材料，进行了7000多次实验。由此不难看出，爱迪生在最初发明电灯时并不知道哪种材料更适合用作电灯，而是轮番去试验各种材料。最终，连助理都变得心力交瘁，不想继续坚持下去，但是爱迪生却说："失败没关系，至少告诉我们哪种材料不能用！"看到这句话，相信大多数朋友不仅佩服爱迪生对待科学事业的认真和执着，更佩服爱迪生面对失败的决绝态度。

朋友们，当真正面对人生的岔路口时，不要任由自己犹豫和纠结下去。你必须记住鲁迅先生说的，这个世界上本没有路，走的人多了，也便成了路。既然如此，我们为何不勇敢果断地走出属于自己的人生之路呢！要知道，当你成为人生道路的开创者，你的人生就拥有了与众不同的意义。

第四章 时间管理：让时间增值，让自己升值

也许很多朋友会质疑"人人平等"这句话，觉得现代社会不管是论出身还是论资历，都不可能完全达到人人平等。的确如此，更多的时候人人平等是指人格上的平等，而不是指各个方面都真正平等，归根结底我们还是要自律，提升和超越自我，才能做出属于自己的成就，获得自己独特的、与众不同的人生。然而，有一种东西对于每个人都是绝对平等的，那就是时间。每个人都有一生，每个人的一年都是365天，每天都是24小时，每个小时都是60分钟，每分钟都是60秒……总而言之，时间从来不偏袒任何人，不管这个人是亿万富翁还是贫穷的乞丐，也不管这个人是年幼还是年老。既然我们无法控制人生的长度，要想拥有充实的人生，就要努力拓宽人生的宽度，才能让人生增值，让我们的生命也变得分秒必争，绝不浪费。

珍惜时间，就要争分夺秒

很多年轻人自恃年轻，就以年轻作为自己最大的资本，动辄就说"我这么年轻，一切都可以重头再来"。殊不知，这样的话也许说不了几次，你就会发现随着时间的悄然流逝，你已经不再年轻了，甚至迈入中年人的行列，上有老，下有小，再也不敢轻举妄动，再也不敢自恃年轻而随随便便就重头再来。

时间的脚步啊，就这样嘀嘀嗒嗒，一刻也不停歇地走着，尽管每走一次只是一秒钟的时间，甚至打个哈欠就过去了，但是长年累月，时间已经走过了人生的万水千山，也带着我们走过幼年、童年、少年，走入青年、中年，及至晚年，有些人才猛然醒悟：哦，原来时间已经这么晚了，人生也已经垂垂老矣。显而易见，等到古稀之年才后悔自己的一生白活了，对于任何人而言都不是一种好的体验，毕竟人生没有后悔药，谁也无法真正重新来过。既然如此，为何不在年轻的时候牢牢地抓住生命不放手呢？一个自律的人，首先应该学会管理实践，因为时间是组成生命的材料，浪费自己的时间等于自杀，浪费别人的时间就等于谋财害命。所以我们既不要浪费自己的时间，更不要浪费他人的时间，才能始终跟得上时间的脚步，在人生中奔跑着前进。

到底什么是时间管理呢？所谓时间管理，指的是在同样的时间内，提高时间的利用率，从而把工作做得更好，更加卓有成效。要想有效管理时间，首先要改掉浪费时间的坏习惯，这样我们的言行举止才会更有效率，我们也才能真正成为时间的主人。古今中外，无数成功人士的事例告诉我们，大多数能够掌控人生、获得成功的人，无一不是善于利用时间的人。他们时间观念很强，任何情况下都绝不浪费人生的一分一秒，他们感受到生命的紧迫，因而总是积极主动地管理时间，也把握好人生的节奏。

遗憾的是，现实生活中，很多年轻人都知道时间就是金钱的道理，但是却不能真正地做到珍惜时间。他们一边高喊"时间就是金钱"的口号，一边放纵自己浪费时间。例如早晨起床的时候，他们宁愿冒着迟到被罚款的风险，也要尽量在温暖的被窝里多迷瞪一会儿；晚上下班之后，他们宁愿百无聊赖地玩游戏，也不愿意利用零散的时间坚持学习，充实自己……最终，他们被时间远远地抛下，因为缺乏学习而在工作上陷入被动，人生也悄然流逝，一去不复返。实际上，从古至今教人们珍惜时间的格言警句很多，诸如"一寸光阴一寸金，寸金难买寸光阴""明日复明日，明日何其多，我生待明日，万事成蹉跎"……我们需要做的不仅仅把这些名句牢记于心，而是努力做到珍惜时间，把握生命。

如果以一辈子来记录人的一生，那么人不管生命长短，都只拥有一辈子。然而，那些浪费时间、效率低下的人，一辈子会无形中缩短，因为他们在一辈子之中所经历和感受的，所真正做好的事情少时又少。相比他们，那些珍惜时间，总是竭尽所能提高时间利用率的人，则一辈子相当于一辈子又半辈子，甚至是两辈子，因为他们把有限的生命活出了无限的精彩，不但给自己交出了满意的答卷，而且也赢得了他人的认可和赞许，更让其他人都对他的一生竖起了大拇指。看到这里，也许有些朋友会说"我就喜欢这样懒散地度过一生"，当然，如果你真的希望把一生活成半生，而且到老了也无怨无悔，那么这是你的选择和自由。然而，如果你在垂垂暮年却突然懊悔，却又无计可施，无法弥补，那么还不如趁着年轻的时候把握好时间，控制好时间，这样你的人生才会更加从容坦然，到暮年时才能无怨无悔。

很多朋友总是被拖延症影响，哪怕意识到自己对于时间的浪费不应该，却不能当机立断改正，而是安慰自己从明天开始如何，或者从下个月开始如何。不得不说，这同样是对时间的严重浪费。记住，每个人在人生中唯一能把握的时刻就是现在，既不是过去，也不是未来。尤其是现代职场上，改变更应该从当下开始，才能达到最好的效果。人在职场，每天都要面临很多琐碎的工作，为了提高时间利用率，不如把事情按照轻重缓急进行有效区分，先完成那些紧急且重要的事情，从而保证不耽误工作。很多朋友到了公司之后磨磨蹭蹭，看着堆积如山的工作无从下手，根本不知道先干些什么，最终也许磨蹭一个上午都没有任何收获和成功，下午照样又在无聊乏味中度过。可想而知，这样的人无法赢得上司的认可和赏识，在工作中也必然发展乏力，毫无后劲可言。

也许有些朋友会对这样的排序方式不以为然，实际上当你真正去做时，就会发现这种方法能够有效提升你的工作效率，也使你的工作变得妙不可言。具体而言，我们要把工作分成三类，第一类是重要且必须去马上去做的事情，对于这类事情要当即去做，片刻都不能耽误。第二类是似乎应该去做的重要事情。这类事情很重要，但是不如第一类急迫，所以可以排在第一类事情后面，从而按照顺序去做。第三类是可以做的事情。这类事情可以去做，而且没有急迫程度，因为在做完前两类事情之后可以亲自去做，如果因为前两类事情而没有多余的时间，也可以交代别人去做，甚至完全不做。这些事情可做可不做，即使不做，也不会造成恶劣的影响。当我们按照这样的顺序把时间合理分配之后，我们在工作中就会占据主动，也不会被工作追得手足无措了。毕竟在优先做完第一类事情之后，我们就相当于有了主动权，也就不会那么急迫了。

需要注意的是，每个人不但每天需要做的事情有轻重缓急之分，而且精力在一天之中的不同时段也是完全不同的。为了保证最高效率地完成第一类事情，我们还应该了解自己的生物钟，从而在精力最充沛的时候做最重要的事情，这样才能保证卓有成效。当然，在对一天的工作进行分类和排序之后，还要注意应该把这些事情写在纸上，这样就可以每做完一件事情就勾掉，从而保证对重要的事情没有遗漏。或者做一个日常安排也是很有必要的，这样可以帮助我们按部就班，形成良好的工作习惯，也让工作效率倍增。总而言之，一个人没有时间可以浪费，必须争分夺秒，才能保证人生不浪费一分一秒。

把握正确的做事时间很重要

很多年轻的男男女女都会发出同样的感慨，即为何没有在正确的时间遇到正确的人。的确，在正确的时间遇到正确的人，对于爱情而言是最美好的状况。这样，一见钟情的男人和女人就可以开始一段浪漫的爱情，而无须委屈自己压抑感情，或者因为在错误的时间，或者因为遇到了错误的人，而导致自己也痛苦不堪。这其实就是所谓的合适。每个人生活在人世间，都需要面对各种各样的事情，对于这些事情，一味地被动接受和等待是不可取的，而要努力争取。那么，要想掌握主动权，就要把握合适的时机。

熟悉历史的朋友知道，刘邦当年在初见秦始皇时就发誓未来要取代秦始皇，然而说完这句话之后他却像没事人一样继续自己平凡的生活，很长时间里都没有做出任何惊天动地的大事。对此，很多人都倍感纳闷，既然刘邦发誓要取代秦始皇，为何不当机立断展开实际行动呢？其实，刘邦这么做是有原因的。因为当时的秦国实力强胜，作为一介平头百姓要想取代秦始皇，取得天下，没有任何机会。刘邦就这样耐心地等待着、蛰伏着，直到秦二世上台之后苛捐杂税很重，对人民的统治也很残暴，这时刘邦才抓住千载难逢的好机会，带领怨声载道的人民开始反对秦二世，揭竿起义。不得不说，刘邦拥有卧薪尝胆的精神，也能够潜伏下来等待时机，真的是深谋远虑，也的确有成就伟业的潜质。

一个人如果在错误的时间做正确的事情，那么必然导致失败，因为不但不占据天时地利，可能人也不和。一个人如果在正确的时间做错误的事情，同样也无法取得成功，因为虽然占据了天时地利人和，却未必有必不可少的东风如约到来。毕竟不是每个人都是神机妙算的诸葛亮，那么最为稳妥起见的办法就是我在正确的时间做正确的事情，才能提高成功的概率，也才能真正获得成功。从这个角度出发，我们要想获得成功，还要学会控制自己，主宰和掌控自己。唯有拥有自律精神，我们才能在卧薪尝胆的时候以超强的精神约束自己，让自己厚积薄发，最终一鸣惊人。

大学毕业后，小小进入一家公司工作。她对待工作不仅勤勤恳恳，还经常主动加班争取完美地完成工作，但是却始终无法达到预期的效果。为此，虽然进入公司5年了，但是小小还是个名不见经传的基层员工，而很多与她同一时期进入公司的同事，都已经成为中层管理者了。对于自己的职业发展"瓶颈"，小小根本不知道如何去打破，也感到万分苦恼。

在经过一段时间思考之后，小小决定向自己的顶头上司求助。上司本来对小小印象不够深刻，只觉得小小还算勤奋，在小小求助后，上司不由得特意用心观察小小的工作表现。她这才发现，小小虽然勤奋，但是把时间都搞错了。原来，作为一名电话销售，每天上午一到公司就开始打电话联系客户，而到了下午，就开始整理上午联系的客户资料，从而给潜在客户发一些资料。上司要求小小："从今往后，你下午打电话与客户联系，第二天上午整理资料，给客户发邮件等。"小小不明白上司的用意，纳闷地说："上午的时间不是精力最充沛吗？我觉得上午联系客户效率更高啊！"上司不置可否，坚持说："你按照我说的方法去做，先坚持一段时间看看。"一个星期之后，上司问小小工作上有没有什么新的进展，小小高兴地说："不知道为什么，我被客户拒绝的次数减少了，有更多的客户对我的电话推销表现出浓厚的兴趣。您的办法简直太管用了。"上司笑了，问："你知道为什么吗？"小小摇摇头，上司说："客户并非都是坐在家里的家庭主妇，你电话联系的客户中，人部分都是普通的上班族、工薪阶层，他们和你一样想把效率最高的时间用于工作，所以上午的时间是他们最反感电话推销的时候。而等到下午，他们之中的大多数已经在上午处理完重要的工作，相对悠闲，也能耐心听你把话讲完。如果对你推销的东西感兴趣，他们还会问你几句，所以你一味的勤奋固然重要，但是选择在正确的时间做正确的事情更重要。"听完上司的话，小小心服口服地点了点头。随着销售业绩的提升，小小在工作上也越来越有发展前景了。

在正确的时间做正确的事情，才能事半功倍，否则在正确的时间做错误的事情或者在错误的时间做正确的事情，都会导致事倍功半，也会导致我们无法收获预期的效果。从这个角度而言，真正的自律并非逼着自己如同老黄牛一样埋头苦干，尤其是现代社会更讲究效率，我们必须学会管理自己的时间，从而选择在正确的时间做正确的事情，提升自己的效率，才能获得事半功倍的效果。否则，有些职场人士做任何事情都很随性，尤其是作为销售却不考虑客户的时间安排，那么一定会事与愿违。举个最简单的例子，假如一名推销员总是等到晚上九十点钟才给客户打电话，如果不被客户骂，已经算是客户有涵养了。所以，聪明的推销员尤其注重安排好打电话的时间，这样才能避免引起客户的反感，也才能让自己的推销达到预期的效果。

除了作为推销员给客户打电话要选择正确的时间以外，作为下属，向上司汇报工作时也要选择恰当的时间。有些下属情商很低，上司越是生气，他们越是不会察言观色，偏偏往上司的枪口上撞。这样的情况，他们做得好没有功劳，如果向上司汇报的是不好的消息，甚至还会被上司狠狠地批评，导致陷入被动之中。所以职场经验丰富的人总是说，汇报工作汇报得好，事半功倍；汇报工作汇报得不好，事与愿违，甚至出力不讨好。这都是选择正确的时间做正确事情的真实验证！

此外，在与同事相处的时候，难免因为各种突发的情况需要同事帮忙。在向同事求助的时候，也要注意选择合适的时机。如果同事因为自己的分内工作已经忙得焦头烂额了，你却没有眼力见儿地去请求同事帮忙，那么哪怕被同事拒绝了也不要心生懊恼，而要反思自己是否选对了时机，否则就不要抱怨同事脾气不好或者不愿意帮忙了。有些职场人士因为工作的原因，需要经常见客户，与客户谈一些重要的事情，这种情况下，一定要选择正确的时间。因为客户与你之间的关系更加微妙，而为了达成交易，你更要注重细节，才能竭尽全力给客户留下最好的印象。总而言之，选择在正确的时间做正确的事情非常重要，是生活中和工作中都需要兼顾的细节，不能忽略，更不能完全不放在心上。每一个职场人士都应该是非常机灵的，才能见缝插针，让自己的工作更高效。记住，唯有多多用心，你的人生才能事半功倍，获得成功。

聚少成多，小时间也能办大事

在每一位成功者眼中，哪怕是金钱，也无法与时间相媲美，因为对于他们而言时间是最重要的资源，也是最宝贵的资源，同样是人生中最有价值的资本。因此，很多成功人士向来都把时间看成金钱，对时间精打细算，绝不浪费一分一秒的宝贵时间。实际上，一个人要想管理好时间，就要拥有自律的精神。当然，所谓自律精神并不像很多人理解的那么狭隘，觉得自律就是严格管束自己，实际上，自律是对时间的掌控和支配。

细心的人在生活中总有这样的感受和体验，例如，和有些人约定时间的时候，只需说大概哪一天就可以，而跟另一些人约定时间的时候，必须把时间精确到几时几分。毫无疑问，对时间精确把握的人，也是对时间分秒必争的人。他们不但要求别人遵守时间，而且也要求自己必须遵守时间。正是因为对时间如此珍惜，他们做事情的效率才会更高，他们的时间利用率也才会更好，所以他们拥有更多的财富，获得更大的成功。

现实生活中，也有一种人很珍惜时间，他们对于时间的利用率只体现在私人生活中。例如每到下班的日子，他们哪怕还有10分钟就能处理完当天的工作，也会马上下班，打卡走人。这样的人虽然下班很及时，上班也会分秒必争。然而，有的人与他们恰恰相反，在工作时间里不能做到全心全意完成工作，而等到下班之后又占用下班时间磨磨蹭蹭完成未完的工作，这样一来，他们下班也不能专心，上班也必然三心二意。实际上，作为管理者应该提倡前者，而不要表扬后者。人对于时间的观念会折射到他们生活的方方面面，一旦养成良好的作息时间，人的生活和工作都会收益。在这种情况下，很多事情都会效率倍增。那么除了规划好整体的时间之外，还要如何做才能珍惜时间呢？

众所周知，人生是很琐碎的，除了工作时间是大块的时间之外，其他的时间都被各种琐碎的事情割裂了。在这种情况下，有效利用零碎的时间，从而循序渐进完成大的事情，对于时间的掌控者而言也是很有必要的。例如，很多大学生的学生都有初步的学习意识，想利用大学时间都考几个证书，或者提升自己的英语水平。在这种情况下，他们只能先保证学好学校的课程，然后利用零散时间从事其他学习。如果能坚持每天都背诵记忆几个单词，那么就会积少成多，在大学四年的时间里，哪怕考过英语八级也并非不可能。这是因为他们把每天零碎的时间都汇聚在一起，所以才成功地实现了人生中质的飞跃。

众所周知，在这个世界上，犹太人是最聪明也是最勤奋的民族，而犹太人之所以举世闻名，与他们珍惜时间也是密不可分的。犹太人对于时间的珍惜简直到了无以复加的地步，他们充满智慧，总是在大多数人还依靠体力赚钱时，就已经学会用智力赚钱。可想而知，犹太人的生意经为何赢得了全世界人由衷的钦佩。

现代社会，市场竞争越来越激烈，每一个人要想在社会中生存下来，站稳脚跟，就要学会利用零散的时间。如果说每个人在时间面前人人平等，那么当有一个人把时间聚少成多，他就相当于在时间面前跑赢了大部分人。尤其是在信息时代，掌握时间的人就能抢占先机，就能赢得人生中更多的机会，也就能获得成功的更大可能性。

所以，朋友们，赶快行动起来吧，得时间者才能更从容面对人生，把握命运！

提升效率，是做事的第一原则

很多职场人士都存在一个误区，即觉得自己只要在工作上耗费更长的时间，就会有好的表现，甚至收获满满。殊不知，这个观点完全是错误的。每一个经验丰富的职场人士都知道，工作的时间长度与工作的收获之间并不成正比，有的时候甚至成反比，使人觉得万分纳闷和困惑。实际上，这完全符合效率原理。试想，如果一个人每天12个小时都花在工作上，那么他必然疲惫不堪，也许前6个小时能够做到高效率完成工作，但是后6个小时就会效率低下。同样的道理，他们次日继续保持高强度工作时，整整12个小时都会效率低下。长此以往，如果他们的身体处于"亚健康"状态，或者出了问题，那么也许还需要住院治疗，会导致效率更加低下。实际上，休息和工作同样重要，因为唯有休息到位，人们才能保持可持续性发展，让自己后续动力充足，而不至于因为一下子掏空所有的精力，使得后续乏力，人生涸泽而渔，根本谈不上未来的发展。所以作为每一位职场人士，哪怕面对巨大的工作压力，也要想清楚这个道理，千万不要把生命中宝贵的时间都消耗在工作上，却又怨声载道觉得自己在工作中没有得到应有的回报。记住，你的回报与你的工作效率呈正相关，而与你的工作时间长度呈未知的相关。

很多优秀的企业管理者，绝不搞疲劳战术。他们总是致力于对时间的有效管理，从而努力提升有效时间内的工作效率，而不是一味地要求员工加工，导致员工疲惫不堪，工作效率和工作质量反而大幅下降。对于企业而言，卓有成效的时间管理，是管理者的第一任务，而对于普通员工而言，时间管理同样重要。当一名员工成为卓有成效的时间管理者，哪怕工作的时间没有延长，他们也能把工作做得井井有条。而当一名员工对于时间管理没有任何概念，他们哪怕付出很多努力，甚至经常加班加点影响休息，依然是在心力交瘁之后，总是遗漏某项重要的工作。不得不说，他们的时间管理完全失败。

当然，为了引导员工进行时间管理，企业管理者首先要端正对工作的态度，避免误以为整日忙忙碌碌的员工才是好员工。真正优秀的员工，是在工作时间内看起来秩序井然但是效率很高的员工，而他们也拥有足够的时间用来休养生息，为次日的繁忙工作做好准备。所以企业管理者不但要管理好企业的时间，也要引导员工学会合理安排个人的工作时间，从而当整体员工的效率都得到提升，企业的效率自然也大幅提升。

大学毕业后，珍妮进入一家二手房经纪公司工作，成为一名二手房置业顾问。因为初来乍到，缺乏工作经验，也没有积累多少资源，珍妮整整三个月都没有业绩。她每天都拿着宣传册出去做社区活动，也付出了很多的时间和精力，然而效果很差。珍妮渐渐地感到绝望，甚至打起了退堂鼓，她想自己一定是不适合这一行，才会如此努力也毫无效果。

这个时候，珍妮的"师父"杰米告诉她："你其实很努力，但是你的效率不够高。如果你能想办法提升效率，那么你的努力就会收获至少三倍的效果。"在珍妮的虚心求教下，杰米最终手把手地教会珍妮如何提升工作效率，渐渐地，珍妮走上正途，每天不再像以前那么累了，效率却提高了好几倍。最重要的是，一个多月后，她如愿以偿卖出去人生第一套房子，从此进入崭新的职业发展阶段。

对于珍妮而言，一味地付出并没有成果，而她之所以失败，就在于她没有掌握提升工作效率的方法和技巧。在得到"师父"杰米的真传之后，珍妮渐渐地拨开云雾，对于工作看得越来越清楚透彻，自然也就效率倍增。

一个人如果能够管理好自己的时间，提升效率，那么不管在生活中做什么事情，还是在工作中应付什么工作，都能得心应手。与此相反，不会管理时间的人总是效率低下，把宝贵的生命都白白浪费了。尤其是作为上司，更不希望看到自己的下属不会管理时间，因而整日因为效率低下抱怨工作的繁重。任何上司都喜欢做事干脆利落、精明强干的员工，因为这样的员工工作起来会很轻松，也能事半功倍。正如鲁迅先生所说，时间是组成生命的材料。那么，朋友们，你们能实现时间的超值价值吗？从现在开始，赶快行动吧，当你掌握了利用时间、提升效率的秘诀，你也就掌握了通往成功的秘诀！

你掌握好20%了吗

对于每一个全心全意渴望成功的人而言，时间是最宝贵的生命材料，也是他们最值得珍惜的资产。对于每个人而言，时间都是弥足珍贵的，因为人生是未知的旅程，谁也不知道自己的一生将会何时戛然而止。既然生命中有那么多事情需要我们去做，有那么多美妙的风景等着我们去观赏，也有那么多人需要我们去照顾，还有人生的价值需要我们去实现，我们为何不争分夺秒，把自己对于时间的利用率提到最大限度呢！当然，提高时间利用率的前提是学会管理时间，以最高的效率保证时间的运行。心理学中有一个著名的二八法则，如果我们能够遵循这个法则把80%的时间用在最重要的20%的事情上，那么我们做事就会卓有成效。

很多人都善于学习知识，让自己变得学识渊博；也有人善于积蓄金钱，让自己成为小小的富翁，实现财务自由。然而，迄今没有人能够积蓄时间，这是因为时间的特点决定了时间绝不可能被积蓄，没有人能说"我把今年留着，等到90岁的时候再过今年"。时间是流动的线性，一去不复返，每个人把握时间的唯一方式，就是提升对时间的有效利用率，从而掌控时间的钟摆，让自己在忙碌的工作之余也能抽出时间来陪伴家人，享受生活。

现实生活中，很多人都抱怨自己的时间根本安排不过来，仅仅是工作一项就已经让他们焦头烂额了。如果你也是这样，那么不如想一想你身边的有些同事为何生活看起来非常安闲舒适，难道他们需要承担的工作不是和你一样多吗？难道他们不是和你一样有家庭需要去照顾吗？如果答案是肯定的，那么你要做的就不是抱怨，而是反省自己是否没有合理安排好时间，才让自己的人生如此仓促、如此忙乱。归根结底，要想从容享受生命，最重要的就是安排好时间，合理管理时间。

美国有一位时间管理大师忠告人们，唯有学会掌控时间，勤劳才能得到更多的回报。的确如此，如果在生活中和工作中分不清轻重缓急，而是一味地穷忙、瞎忙，那么哪怕时间再充裕，也经不起随意地浪费。人生中有些事情其实纯属在浪费时间，要想珍惜时间，除了要安排好时间之外，还要区分哪些事情是重要的，哪些事情是无关紧要的。这样，我们才能把有效的时间用于做必须做的事情，从而为自己减轻时间紧促的压力。

时间之所以珍贵，正是因为时间的一去不复返。在每一个人的生命中，时间都在一分一秒地流逝。看起来一分一秒都不是多么值得珍惜的时间，但是时间的脚步从不停息，聚少成多，一分一秒就成了大半个人生。真正的成功人士，无一不是善于利用时间的人。他们很会管理时间，也能够高效利用时间，最终形成自己的生命节奏，获得了成功。那么，朋友们，余下的人生中，就让我们把80%的有效时间用于做20%的重要事情吧，记住：你永远也不可能面面俱到合理分配时间，而生命又是有限的，那么要想在有限的生命里做出无限的可能性，我们就要把时间利用率提到最高，也要像战场上拿下敌人的高地那样把所有的时间都集中起来用于攻占最重要的生命堡垒。

作为一名成功的管理顾问，约翰瑟从来不像人们所想的那样是一个典型的工作狂，相反，他每天对待工作都悠闲自在，但是他的业绩却始终在整个公司排名第一。约翰瑟到底是如何才做到这一点的呢？这一切都归功于约翰瑟始终能够有效地管理时间。

和大多数同事每天都被各种紧急工作追赶得焦头烂额不同，约翰瑟基本上每天只有一件紧急事件需要处理。即使是在最尴尬的情况下，他也不需要同时处理超过三件以上的紧急事件。这使得约翰瑟有更多的时间用于思考，从而不断地改进自己的发展计划，也策划如何有效开展业务。

此外，约翰瑟始终只抓那些重要客户。平日里，如果联络完重要客户，哪怕让自己无所事事地休息，他也不会把时间耗费在那些看似无望的客户身上。约翰瑟对此理由充分："与其浪费时间和那些无望的客户沟通，不如用这些时间来休息，从而也为那些重要客户想出更好的解决方案，促进成交。"正是在这个原则的指导下，约翰瑟成交的比例很高，相比其他同事10个客户也未必能成交一个客户，约翰瑟10个客户里可以成交4个客户。然而，他的客户并不多，这也使得他节省了大量的时间和精力服务于老客户，很多老客户还会给约翰瑟带来新客户，所以约翰瑟的客户总是源源不断。

从这个案例中我们不难看出，现代职场已经不需要我们如同老黄牛一样孜孜不倦地工作。真正高效率的人，会把工作做到极致，也会从工作中挑出重点，从而在一定程度上解放自己，也让自己有更多的时间和精力用于服务老客户，或者用于休闲。从这个意义上说，二八法则又被称为最省力法则是很有道理的。当我们深刻理解二八法则的含义，并且把二八法则用在时间管理上，那么二八法则就会让我们的生活和工作变得更加轻松。

当在生活和工作中贯彻二八法则，你会惊讶地发现在你所做的事情中，其实有很多都是效率很低而且价值也很低的。当你为了提高时间的效率停止做这些事情，你会发现人生就像清除了很多垃圾一样，变得非常清明，你的内心也变得条理清晰，瞬间清静了。与此相对应，你也会发现你人生中更多的时间里只有一小部分时间的利用率很高，而大部分时间都浪费在没有意义或者意义不是那么重大的事情上。这种情况下，不如调整自己的时间安排，把大部分时间都集中在最有效率的20%的事情上，自然会效率倍增。当然，这么做都有一个预先的大前提，那就是当机立断，绝不要拖延，否则就会让一切的设想都成为空想，最终变得毫无意义。

总而言之，时间是有限的，但是在善于利用时间的人手中，时间则会发挥最大的效力。尤其对于高效率利用时间的人而言，20%的时间甚至也将会发挥源源不断的效力。所以不要纠结于到底是多少时间创造了人生最大的价值，而要相信一切都取决于时间的利用率，也取决于我们对待人生的态度。

第五章　谨言慎行：三缄其口，先思后行

自律最难的是什么？不是在很多大事上的表现，而是在生活中点点滴滴的小事上，尤其是在不经意间做出来的言语行为上。不得不说，言行必须依靠自律的约束，才能做到谨言慎行。而又因为言行举止发乎内心，我们的每句话、每个举动都有可能在他人心中产生影响，甚至影响他人对我们的看法，因而越是在得意忘形或者失意沮丧的时候，我们越要谨慎对待自己，不要肆意放纵。所谓谨言慎行，说的就是这个意思。

记住，你不是宇宙的中心

现实生活中，总有这样的人存在，他们在失意或者默默无闻的时候始终保持谦虚低调，而在一朝得势之后，马上就把尾巴翘到天上，对于自己的分量也完全不清楚了。还有些人以前比较贫穷，而一旦日子好过了，有了点儿钱，马上就虚张声势，甚至以为这个世界上就他们自己是有钱人，因而趾高气昂，不可一世。不得不说，这样的人真的经不起大富大贵，因为他们缺少一颗自律的心，把所谓的身外之物看得太过重要，因而导致对自己的转变无法接受，也发生了太大的反应。

一个自律的人，贫穷的时候不会自轻自贱，富贵的时候也不会妄自尊大。他们很清楚自己是什么样的人，因而对自己严格管理，绝不允许自己放纵。哪怕自己真的有好的发展，他们也始终牢记自己不是宇宙的中心，更不可能对所有人都颐指气使。总而言之，他们很清楚自己的分

量，既不会妄自菲薄，也不会自以为是，而是更好地面对自己，也更从容地应对自己人生的变化。

其实，整个自然界都处于微妙的平衡之中，系统理论更是告诉我们，很多事情彼此之间都是相互联系的，而且存在于一个整体之中。试想，在整个银河系，地球是多么微小啊，而在整个地球上，人又何尝不是如同蚂蚁一样呢？所以一个人就算能力再强大，也无法左右和控制大自然的规律与发展，一个人即使功劳再大，也不能妄自尊大。尤其在现代社会，各行各业分工严格，每个人都需要与他人密切合作，才能取得成功。哪怕在生活中，人们也离不开身边亲人朋友的帮助，所以就更不要居功至伟了。有了功劳而不自夸的人，才能得到他人更多的尊重，有了成就而不自傲的人，才能以更高的姿态出现在世人面前。真正的高度不是来自我们外界的名誉和成就，而是在来自我们的内心，来自我们对待人生的态度。

那么，如何让自己真正做到宠辱不惊呢？处于人生低潮的时候，也许人本能地就会收敛自己，所以做到这一点并不容易。然而当人生处于高潮时，难免春风得意马蹄疾，想要继续保持谦虚低调，的确是有难度的。要想保持谦逊，最重要的就是在人生得意的时候，始终告诫自己低调谦逊，从而才能让自己不虚张声势，也对自己更加严格管理，避免因为一时张狂而说出让自己追悔莫及的话来。古今中外，很多有成就的伟人、学者，都知道谦虚低调的重要性，也因为他们坚持严格自律，也坚持培养自己虚怀若谷的品质。

金无足赤，人无完人，一个人哪怕能力再强，全方位发展，也不可能真正实现完美。因而古人云，人贵有自知之明，就是告诉人们一定要看清楚自己的优点和长处，也要客观认识到自己的缺点和短处，这样才能避免过于骄纵，自以为是。早在明朝时期，大学者方孝孺就曾说过，人最大的不幸，就是太骄傲自满。的确，骄傲自满会蒙蔽人的眼睛，使人无法客观正确地评价自己，也使人失去一日三省吾身的勇气和自知之明，自然会因此而导致自己的发展受到阻碍和局限。

常言道，木秀于林，风必摧之。这句话告诉我们，一切风头太健的人或者事物，都会因为强出风头遭到摧毁。所以做人最大的高明之处在于低调谦逊，而不在于趾高气昂。任何时候，唯有低调做人，才有空间自我回转，也才能在一不小心出现失误的情况下，给予自己更多的回旋余地。低调谦逊的人也更懂得退一步海阔天空的道理，他们不张狂，因而能够避开他人的锋芒，找到与他人之间最恰当的相处模式。很多人误以为低调谦逊是做人太懦弱的表现，殊不知，一个飞扬跋扈的人才是自寻死路，也给自己的人生发展处处树敌，处处设限，导致自己的人生无法得到更好的发展。

尤其是在与他人交谈的过程中，更要做到谦逊有礼。常言道，语言是思想的外衣，如果一个人语言方面总是强出头，那么日久天长，他们内心的强势和不可一世也会表现出来，导致他人不愿意与他们交谈。很多人在交谈时还总是以自我为中心，他们最关心自己，便以为别人也和他们一样喜欢听到他们关于自己的谈论，殊不知，每个人都更关心自己。在交谈之中，更不要随意把他人当成情绪的垃圾桶，随随便便就向他人倾倒自己的情绪垃圾。针对那些想要减肥的人士，人们总结出六个字，"管住嘴，迈开腿"，那么针对想在言行举止方面提升自己的人，同样需要遵循这六字箴言的前三个字，那就是"管住嘴"。一个人唯有管住自己的嘴巴，知道自己哪些话该说、哪些话不该说，也知道自己如何才能把话说到他人心里去，促进与他人之间的关系友好发展，才是真正懂得说话之道的高明人士。

一个人谨言慎行，少说多做，也从来不口出狂言，往往能够彰显出他的涵养和优秀的品质。祸从口出，言多必失，管好自己的嘴巴，还能让人从高谈阔论转为凝神倾听，也可以从交谈中搜集更多的消息，从而让自己表现出更高的人生境界。总而言之，人活着不管是失意还是得意，都不应该张牙舞爪，否则非但无法赢得他人的尊重和敬畏，还会导致被他人嘲笑和轻视。记住，任何时候要想彰显自身的品质和素质，沉默是金远远比口若悬河更好。

不要总是表现自己

如果你曾经看过海上的冰山，也了解冰山，那么你就会知道那些看似很小的冰山，实际上它们的2/3都在海面之下。那么面对那些看起来就很大的冰山，你更应该知道它们庞大的底下体积，从而对它们心生敬畏。的确，冰上的体积只有1/3浮出海面，而剩下的2/3都在海面以下，因而人们总是说冰山一角，是很有道理的。其实，自然界中有很多高大巍峨的物体，都会隐藏自己的真正实力。例如，陆地上的山，也有相当一部分处于地面之下，包括那些参天大树，它们庞大的根系比它们插入云霄的枝干部分更让人叹为观止。为何越是巨大的事物越要隐藏自身的大块头呢？这是因为它们都有谦虚低调的品质，也知道要想傲然屹立于世，就必须隐藏自己的实力，让自己变得更沉稳。这就是自然界中的谦虚之美。

实际上，做人也要向这些伟大的自然界事物学习，也要保持谦虚低调，才能彰显自己与众不同的气度。要知道，一个人哪怕能力再强，自我吹嘘的效果也比不上他人赞赏的效果好。所以与其老王卖瓜自卖自夸，不如默默无闻地做好自己，最终赢得他人的认可与赞赏。记住，从自己嘴里说自己好，那叫自我标榜。而从他人嘴里说自己好，自己才是真的以实力证明了自己。所以明智的朋友不会总是想方设法地表现自己，尽管人人都有表现欲，但是他们会努力克制自己，让自己保持谦逊。遗憾的是，生活中总有些人特别爱表现自己，他们的表现欲特别强，不但表现自己，还常常伪装出一副权威的样子指责他人、指挥他人，似乎别人不管做什么都是错的，他们不管做什么都是对的。这个世界上真的有十全十美的人吗？不管面对什么事情都能处理得完美无瑕？不得不说，世界上从未有这样的人，更没有人拥有搞定一切的能力。既然如此，每个人都要认清自己，也客观评价和认知自己，从而才能避免自己上蹿下跳、贻笑大方。其实，大多数学识渊博的学者反而是很谦虚的。因为一个人越是知道得多，就越意识到人类的渺小，也就不会狂妄自大。反倒是那些一瓶不满半瓶乱晃的人，总是自以为是、志得意满。

东汉末年，杨修在曹操麾下掌管文书事务。有一次，北方来的人特意带来油酥给曹操品尝，曹操品尝之后觉得味道很好，因而在连续两声叫好之后，就在盒盖上写了一个"合"字。后来，侍卫们聚集在一起讨论，都猜不透曹操的心思，因而请教杨修。杨修思来想去，居然动手打开油酥盒，虽然一个老文书劝杨修不要动曹操爱吃的点心，但是杨修不以为然地说："丞相吃到好东西，所以写了个'合'字，让我们一人一口把油酥吃掉，一起分享。"果不其然，曹操正是此意，然而被杨修猜中心思，让曹操觉得很没面子，也因为杨修的才华和聪慧，而对杨修心生嫉妒之意。

建安十九年（214）春天，曹操亲自率军出征，进驻陕西阳平，与刘备对垒。然而，恰逢阴雨连绵，曹军出师不利，受到刘军的打击，曹操看到很难再有进展，因而萌生退兵的意思。一天，曹操边吃饭边琢磨下一步的军事行动，一个军令官来请示曹操晚上的口令。此时，曹操正夹起一块鸡肋准备放入口中，因而随口说道："鸡肋。"军令官领命而行，去安排当晚盘查岗哨之用。然而杨修得知这个口令后，马上开始收拾行囊准备离开。一个年轻的文书不知道杨修为何做出这样的举动而心生纳闷，杨修解释道："明天肯定不会打仗了，丞相要撤兵了。"年轻的文书更加丈二和尚摸不着头脑，杨修故作聪明地说："鸡肋食之无味，弃之可惜，正像我军眼下的处境，丞相说出鸡肋作为口令，肯定是心中对战局有所考虑。"

后来，夏侯惇听完杨修的分析，也觉得杨修所言有理，因而下令军中整理行囊，准备撤兵。不承想，曹操当晚巡营看到军中的情况，不由得非常震怒，赶紧叫来夏侯惇盘问情况。夏侯惇看到曹操震怒，不敢隐瞒，就把杨修的分析说了出来，曹操借"扰乱军心"为由杀了他早就欲除之而后快的杨修。

不得不说，杨修显然表现得太过聪明了。正所谓伴君如伴虎，他既然如此聪明，就应该知道曹操生性多疑，嫉妒心也很强，就不应该在曹操面前表现得太机灵。要知道，没有任何领袖人物愿意自己如同透明人一样被呈现在下属面前。所以，杨修的死是不可避免的。

当然，这里之所以列举这个事例，并不是告诉每一个人必须谨言慎行，任何时候都不能表现自己。正所谓凡事皆有度，过犹不及，任何情况下，我们可以适度表现自己，但是却不要锋芒毕露。尤其是在心思狭隘的上司面前，我们要给上司机会表现他们的聪明，而不要让自己表现得太过聪明，从而压制了上司的风头。这样一来，我们才能成为上司最好的辅助者，而不至于因为自己的风头太过，导致上司产生嫉妒之心。

归根结底，一个人有才华是好事，也应该发挥出来。然而，我们更应该把才华用于该用的地方，而不要一味地用来显摆和炫耀自己，否则一旦招人嫉妒，就会惹来祸患。其实，每个人都有自己的优点和长处，也有自己的缺点和不足，如果能够客观看待自己，就不会因此而自高自大。正所谓"书山有路勤为径，学海无涯苦作舟"，知识的海洋辽阔无边，只有胸怀谦虚的人，才能在人生的道路上不断进取，获得进步。

春风得意，更要谨言慎行

很多张狂的人，不管说话、做事情，都过于高调，这恰恰违反了人们低调做人的原则。明智的人知道，做人应该谦虚低调，尤其是说话做事，更要谨言慎行。所谓谨言慎行，正能够表现出人们在言行举止上的自律和自省精神。很多人对于谨言慎行都存在误解，觉得谨言慎行就是做事情畏手畏脚，实际上，谨言慎行与畏手畏脚完全不是一码事。

所谓谨言慎行，指的是一个人对待自己的言行举止都很小心翼翼，因而绝不肆意妄为，也拥有足够的自律精神和力量。而畏手畏脚，则形容一个人做事情瞻前顾后，放不开手脚，是胆小怯懦的表现。一个是谨慎，一个是胆小怯懦，如果谨慎保持在合理限度内，就与胆小怯懦毫无关系。

语言是思想的外衣，也是人们表达自己、与他人沟通的桥梁。几乎每个人在每天的生活中都离不开交流，正因为交流是一种常态，也使得交流总是出于无心。还有一个人的行动，也往往是随意表现出来的，没有经过任何伪装。这就构成了人生中的言谈举止，也告诉我们言谈举止与日常生活的关系多么密切。所以一旦言谈举止出现差错，就会在人生中引起一连串的反应，甚至引发多米诺骨牌的连环倾倒。因而每个人在说话之前都要深思熟虑，才能避免祸从口出；每个人做事情的时候却要雷厉风行，当机立断，这样才能避免拖泥带水，犹豫不决。从这个角度而言，谨言慎行绝不是畏手畏脚，更不是胆小怯懦的表现。

纵观古今中外，无数的成功人士都是振臂一呼，应者云集。而他们的呼声绝不是随意就喊出口的，而是经过谨慎的思考，才审慎地对众人呼出的。他们都有强烈的责任心，也勇于担当，勇于负责，因而能够承担起重要的历史使命，也从未辜负民众的期待。当然，作为普通人，我们不能与伟人相提并论，但是我们却可以学习他们的精神，提升自己的品质，塑造自己的顽强毅力，让自己变成与他人一样优秀的人。否则，如果因为言谈举止的失误而给自己造成难以挽回的恶劣影响，未免让人遗憾。

作为办公室里的开心果，豆丁一开始轻松随意的言谈举止总是能博得同事们开怀一笑。因为他善于自我嘲讽，也喜欢自黑。然而，随着与办公室里同事之间越来越熟悉，他的嘴巴越来越没有把门的了。有一次，豆丁看到一位女同事穿了一件明黄色的羽绒服，居然脱口而出："哎哟，我一眼看去，还以为办公室来了海绵宝宝。你那宽厚的脊梁，再配上这样鲜艳的明黄色，活脱脱海绵宝宝上岸了呀！"豆丁的话还没说完，女同事就变了脸色，对豆丁怒目以视。等豆丁的话说完了，其他同事没有任何人敢笑的，大家可不想躺枪，被那位女同事暗暗记恨啊！

还有一次，有位50多岁的老前辈的老伴去世了，正所谓少年夫妻老来伴，这位老前辈非常悲痛，同事们和老前辈说话时也都特别留心。然而，豆丁有一天突然人来疯，和同事们在一起谈笑风生时，看到那位老同事满脸悲痛的样子，居然说："老哥，别伪装了，现在也没人管你了，正好可以放肆地乐一乐。"那位老同事当即与豆丁翻脸，其他同事也纷纷指责豆丁开玩笑太过分。

现实生活中，像豆丁这样说话不过脑子而且哪壶不开提哪壶的人虽然不在多数，但是也经常能碰到。他们其实心眼并不坏，但是因为总是刻意提起他人的伤心事，而说话做事又没有分寸，往往会触碰他人的底线，导致他人对他们怒目以视，从此反目成仇。还有人是刀子嘴、豆腐心，明明心眼是好的，却因为长了一张不会说话的嘴巴，导致遭人嫉恨，也处处树敌。

常言道，说出去的话如同泼出去的水，任何人一旦把话说出口，想要挽回影响就不容易了。哪怕他们想方设法道歉了，或者安抚他人受伤的心，依然会在他人心里留下不好的印象，从而导致自己的人生发展也受到阻碍和限制。因而，朋友们，千万不要轻视言行举止在生活中重要的影响作用，尤其是无心中说出的话，很容易使他人脆弱的心受到伤害。因而要想建立良好的人际关系，我们首先要保持自律，才能避免祸从口出，也才能设身处地为他人着想，顾及他人的感受和情绪。

尤其是如今的职场，人际关系非常复杂，同事之间有的时候还会涉及利益之争，因而作为职场人士，一定要管好自己的嘴巴，少说话，多做事，尤其是在得意的时候，更不要不假思索地祸从口出，导致自己陷入被动之中。从这个角度而言，愚蠢的人是口不择言地用嘴巴说话，聪明的人是用脑子思考之后才决定说哪些话，而真正富有智慧的人是用心说话，也用心与他人相处。总之，只有真正的君子才能做到谨言慎行，那么你呢？是想当君子，还是想当愚蠢者，用语言为自己的人生设置障碍呢？相信聪明的朋友们都会作出明智的选择！

退一步，海阔天空无怨无悔

人与人之间的相处是很难的，因为每个人都是独立的生命个体，有着各不相同的成长经历、家庭背景、人生观、价值观，而且每个人的脾气秉性也各不相同，就像牙齿和舌头是唇齿相依，有的时候牙齿还会不小心咬到舌头呢，更何况各不相同的人彼此在一起相处呢？可以想象，相处过程中发生任何摩擦和矛盾，都是有可能的，也是可以谅解的。

尤其是在沟通的过程中，因为观念各不相同，所以人们之间很容易发生口角之争。此外，再加上每个人的表达能力和理解能力未必在相同的层次，导致说话的时候面临的障碍更多。要想与他人融洽沟通，我们首先要学会说话，也就是表达自己。很多人一说起话就像连珠炮，锋芒毕露，却不知道人生不需要过于强势，唯有平等对待他人，让自己言语宽和，才能得到他人的同样对待。其次，还有很多人总是带着先入为主的观念，总觉得只有自己是对的，而别人都是错的，因而对别人说话时颐指气使。殊不知，这个世界上根本没有绝对的对错，任何情况下，对错都是相对的。所以，我们要学会站在他人的角度看待和思考问题，才能让自己更理智，也才能以合情入理的话打动他人的心，从而让他人心服口服。

然而，在人际沟通中，很多人因为缺乏自律精神，总是情不自禁陷入冲动之中，因而在魔鬼的驱使下说出最伤害他人的尊严和感情的话。这样的话一经说出，就会对他人造成难以挽回的伤害，而后续的交谈也会因此奠定不良基调，导致无法顺利进行。其实，人与人之间根本没有必要针尖对麦芒，任何情况下，我们如果做到宰相肚里能撑船，在非原则性问题上让对方一步，那么对方就会对我们更加信服，也会以同样的宽容和忍让对待我们，矛盾和不愉快自然会迎刃而解。从这个角度而言，一个人是否自律，还在于他能否成功地控制自己的情绪，以及掌握好自己的语言，让语言成为内心美好的表达。

尤其是在现实生活中，很容易出现说者无心、听者有意的情况，这就是因为彼此之间沟通不在一个频道上，或者是彼此误解导致的。在这种情况下，就要及时向对方解释，但是一定要注意不要让第三人介入，而是要当事人双方面对面地解释，这样才能知道彼此的真实想法和真情实感，从而让表达和沟通更到位。当然，进行语言表达时，也要根据交谈对象的具体情况来选择恰当的交流方式。例如，作为一个大学教授，在与同事进行沟通时，可以使用更书面化的语言，而去菜场买菜与小商贩沟通时，因为小商贩受文化层次的限制，也许理解能力有限，就要以通俗易懂的语言，才能保证沟通顺畅。总而言之，人与人之间的很多误解都是因为沟通不到位产生的，在这种情况下，唯有以自律来控制的言行，才能更好地与他人沟通。

作为一名汽车销售人员，杜鹃是个急脾气，总是在和客户沟通的时候抢在客户前面说话，甚至有时候根本不给客户机会说话。因而，杜鹃的销售业绩很差，但是她却不知道自己的问题出在哪里。

一个周末，杜鹃在门店接待了一个客户，这个客户想买一辆中等价位的SUV，其实很多客户对于中等价位的理解是不同的，例如，有的客户觉得中等价位就是十几万元，有的客户觉得中等价位就是三四十万元，而杜鹃在听到客户的"中等价位"之后，并没有问清楚客户所定义的中等价位是多少价位的汽车，就迫不及待把她理解的中等价位——一辆十几万元的SUV介绍给客户。显而易见，客户皱起眉头，对于这辆汽车不屑一顾。这时，在一旁观察杜鹃接待客户的销售主管走过来，问客户："先生，您买车是办公用还是家庭用呢？具体想买什么价位的？"客户回答："我是两者兼顾，所以想买辆三四十万元的，这样家里用也安全，接待客户也有一定的档次。"主管当即给客户推荐了几款价位合适的车型，杜鹃意识到自己的错误，在一旁默默地学习，再也不敢自以为是了。

杜鹃犯的错误，就是她根本没有深入理解客户所说的中等价位是什么意思，就开始向客户推荐十几万元的SUV，导致客户对她的销售行为很不满意。幸好这个时候主管及时出现，才了解了客户的真实需求，对客户展开正确的销售策略。

不管什么时候，我们在与他人交流时，都不要过于先入为主。尤其是作为一名销售人员，更要学会倾听客户，从而把客户的需求放在第一位。这样一来，销售人员才能最大限度了解和挖掘客户的深层次需求，也把自己对客户展开的服务做到位。否则，一旦误解了客户的意思，又怎么能把话说到客户的心坎上，也把工作做得让客户满意呢！由此可见，在生活和工作中，很多时候退让恰恰意味着前进，也意味着成功和进步。不仅做人做事如此，说话更是如此。记住，任何时候都不要因为逞一时口舌之强而让自己陷入被动，唯有退一步才能海阔天空，也因为问题得以圆满解决少了许多烦恼和抱怨，而多了满足和快乐。

滔滔不绝，不如言简意赅

很多人在说话的时候都进入一个误区，即觉得唯有滔滔不绝、口若悬河，才能把话说清楚，也才能在交流中占据主动，主导谈话，让谈话朝着我们预期的方向发展。实际上，事实并非如此。很多时候，如果我们说得太多，就会导致言多必失，也会导致自己在人际交往中陷入被动。正所谓祸从口出，这种情况下说得多反而不如说得少，甚至不如不说呢！

然而，现实生活中，很多人都是说话唠转世，根本管不住自己的嘴巴。他们一旦打开话匣子，就滔滔不绝起来，收也收不住，导致自己也身陷麻烦之中。偏偏有时候他们面对的还是行家，最终导致自己班门弄斧，贻笑大方，也授人以柄，更是得不偿失。由此可见，说话的最高境界是言简意赅，而不是口若悬河。所以每个自律的人都要先管好自己的嘴巴，才能让自己说出来的话合情合理、点到即止，也避免引起他人的误解，使自己陷入被动。

大文豪高尔基曾经说过，越是简洁的语言中，越是蕴含着深刻的真理。很多人都知道，写文章一定要言简意赅，让语言凝练。相反，如果同样一件事情翻来覆去用语言诉说很多遍，那么就会让语言变得啰唆冗长，甚至惹人生厌。还记得小时候写作文吗？老师会用老太婆的裹脚布——又臭又长来形容一篇不够简练的文章，相信没有人想让自己说出去的话这么不受欢迎，那么就赶快凝练自己的语言，让自己的语言更加精练吧！

当然，有的时候一个人之所以啰唆，不仅仅是语言组织的问题，还有思路不够清晰的原因。在这种情况下，要想让语言凝练，最重要的是先整理自己的思路，只有让思路变得清晰，语言作为思维的外衣才会变得干练。否则，如果思路本身就是混乱的，语言再怎么精简，也会使人感到不完美。

1863年11月，林肯应邀参加演讲，不过那次演讲的主角是大名鼎鼎的政治家兼教授埃弗雷特，为此林肯对自己的定位是在埃弗雷特之后适当地说几句。在整个美国，埃弗雷特都被认为是最善于演讲的人，因而林肯的压力也很大。看到埃弗雷特在两个小时的时间里始终以精彩的演讲抓住每一位听众的耳朵，深深地感动每一位听众，林肯不由得琢磨起如何才能让听众在大餐之后对于他提供的这盘餐后甜点产生好感，而且不吝啬于给他掌声。思来想去，林肯决定走一条和埃弗雷特的演讲完全不同的路，那就是以言简意赅取胜。为此，林肯上台之后只发表了一篇非常短的演讲，整个演讲只有10句话，而且时间很短暂，只有两分钟。就这两分钟，还包括林肯上台和下台的时间。结果，正如林肯所预期的，他以截然不同的风格赢得了听众热烈的掌声，听众给予他的掌声足足持续了10分钟。可想而知，林肯大获成功，不但在场的听众给予林肯极高的评价，甚至整个美国都对林肯这次非常精悍的演讲给予了至高的评价。

后来，埃弗雷特也写信表达对林肯的敬佩之意，埃弗雷特认为自己花费了两个小时的时间，也没有达到林肯言简意赅地用10句话表达的意思。后来，牛津大学图书馆收存了林肯的这次演讲，而林肯也以实际行动告诉每个人，简洁明快的语言远胜于滔滔不绝、口若悬河的演说。

每个人要想让自己的演讲达到出人意料的效果，就要学会说话时言简意赅。这就像有很多人为了吸引他人的注意，故意提高自己的声调。实际上，提高声调并不能让演讲引起他人的注意，相反，适当在关键时刻压低声调，反而能吸引他人侧耳倾听，也能让他人对我们所说的话产生更大的关注。林肯在埃弗雷特长篇大论的演讲之后发表极其简短的演讲，正是达到了这样的效果。

英国前首相丘吉尔，也曾于1948年在牛津大学进行了一次最短的演讲。在演讲开始之前三个月，社会各界的人士就对这次演讲产生了极大的关注，每个人都期盼丘吉尔给出关于成功的秘诀。然而等到演讲当天，丘吉尔走上讲台，注视着台下的听众，一字一句地说："我有三个成功秘诀，第一秘诀是，决不放弃；第二秘诀是，决不、决不放弃；第三秘诀是，决不、决不、决不放弃！谢谢大家，我的演讲结束了！"说完，丘吉尔就向台下鞠躬，走下了讲台。这时候，台下满怀期待的听众还没有反应过来，足足沉默了1分钟之久，他们才爆发出经久不息的热烈掌声。可以说，丘吉尔这次史上最短的演讲深深打动了人心，也给每一位听众都留下了深刻的印象和深远的影响力。这次演讲的主题是"成功的秘诀"，而丘吉尔的"决不放弃"恰恰向牛津大学的毕业生完美诠释了成功的秘诀，这个秘诀也深深打动了每一位望子成龙、望女成凤父母的心。

朋友们，尽管说话是张口就来的事情，但是正因为如此，说话非但显得不简单，反而至关重要。没有人能保证自己张口就来的话能说到他人的心里去，也没有人能够保证自己张口就来的话能做到拒绝啰唆，拒绝拖沓冗长，简明扼要，简单明了。既然如此，就让我们多多用心，以超级自律力把每一句话都说得恰到好处，也说到点子上吧。唯有如此，我们才能把话说得恰到好处，达到我们的预期目的！

第六章 戒掉陋习：有意识地改掉坏习惯

很多人都对自己的习惯不以为然，觉得习惯只是自己情不自禁要去做的事情而已。殊不知，习惯对于人生的影响非常大，好习惯会让人坚持进步，而坏习惯不断地把人拖下水，让人对本能和弱点妥协。从这个角度而言，人们常说的习惯成就人生，其实是很有道理的。既然如此，一个拥有自律力的人，就要有意识地戒掉生活中那些坏习惯，从而摒弃陋习，让自己的人生向着美好的未来不断奋进。

戒掉坏习惯，自律能力更强

一个人的自控能力归根结底在哪些方面有更加充分的体现呢？有人说是在危急紧要的关头，这当然有道理，因为危急的情况下，往往更能成为试金石，试探出一个人的综合素质和本能表现。然而，有的人就会在危急关头大义凛然，表现出众人所期待的样子。人人都有这样的心理，都希望把自己呈现在聚光灯下，被更多的人认识，也得到更多人的认可和赏识。实际上，真正的自律不仅仅表现在危急关头，也表现在人生中很多不容忽视的微小细节上，尤其是那些看似无伤大雅的坏习惯，更验证了一个人是否拥有自控力。

明智的人知道，看一个人的自控力，要看他在日常生活中的小小习惯。这是因为习惯是自控力的绝佳展示，正如古人所说，一屋不扫，何以扫天下？一个人如果不能做好细节和微不足道的小事，那么他在大是大非面前表现出的自律，更大程度上是在伪装自己。尤其是生活和工作中那些无意识做出的小小举动，更能彰显一个人的自律能力。所以，不要忽视生活中的坏习惯，一个人如果连香烟都戒不掉，很难相信他会成功地约束自己。

所谓自控力，顾名思义，就是一个人对自己的控制能力。从心理学的角度而言，一个人只有拥有很强的自我意识，才能表现出一定的自控力。如果一个人无法控制自己的心理，又谈何自控呢？真正的自控力，是在没有外界约束的情况下，人们主动自发地控制自己而表现出来的力量。拥有自控力的人往往能够抵制各种诱惑，也督促自己坚持不懈奔向既定的目标，因而，一个人只有表现出良好的自控力，才真正从心理上成熟。与此相反，假如一个人对于任何事情都怀着无所谓的态度，对于自己也没有任何约束的表现，那么毫无疑问，他们是没有自控力的。这样的人不但很难在人生中做出成就，而且也因为缺乏责任心和意志力，给人留下不值得托付和信赖的感觉，人生发展必然受限。

遗憾的是，人的本能就是趋利避害，真正能够实现自控的人少之又少。细心的朋友会发现，在我们的身边，很少有学生能够主动完成作业，也很少有职场人士能主动自发完成工作。所以说，不管是孩子还是成人，其实都是缺乏自控能力的。也许成人的自控能力会比孩子更强，但是也没有到无须监督和督促的程度。所以，每个人从小学到走上工作岗位，始终需要外在的制度约束自己，督促和鞭策自己。而有些自控能力非常差的人，哪怕在有外界监督的情况下，也依然放纵自己。诸如有些人嗜好抽烟，有些人嗜酒，甚至给家人带来无法挽回的伤害。这种情况下，必须反思自己是否应该接受心理治疗，从而彻底改变对自己放任自流的态度！

现实生活中，很多人都有烟瘾，美国石油大亨盖地也是如此。盖地的烟瘾很大，而且大有愈演愈烈之势。有一次，盖地开车路过法国时遭遇大雨，不得不在一个小城市里住宿，等到雨势减小再出行。也许是因为旅途劳顿，盖地在狼吞虎咽吃完晚餐之后，就马上进入梦想，昏昏沉沉地睡去了。到了凌晨两点，盖地从睡梦中醒来，下意识地把手伸向床头柜上的烟盒，这时他才发现烟盒是空的。

盖地抽烟的欲望被空空的烟盒激发起来，他思来想去，决定穿上衣服走到几条街之外彻夜营业的火车点附近的百货店去买烟。然而，等到穿好衣服拿起雨伞准备出门时，盖地不由得被自己吓到了。他扪心自问：我这是干什么？这是在一个我全然陌生的城市里，我居然要在夜色之中顶着大雨去几条街区之外买烟，难道我是如此弱小，连抽烟的欲望都不能控制吗？想到这里，盖地脱掉衣服，重新回到被窝里一觉睡到天亮。从此之后，盖地彻底戒掉香烟，因为他战胜了自己，所以，他在未来的人生之中把事业不断地发展壮大，最终成为世界上首屈一指的大富豪。

很多人从来不把烟瘾当成自己的一个大缺点，甚至还有意识地纵容自己抽烟，觉得抽烟的男人更有男人味。而盖地之所以意识到烟瘾是自己的失败之处，是因为他在半夜三更要在陌生的城市里冒雨去买烟时，才意识到习惯对人生的重大影响。为此，他非常理智，决定摆脱习惯力量的支配，也决定从此战胜自己，再也不受坏习惯的驱使。

的确，习惯会让人在不知不觉中屈服，这也恰恰是坏习惯可怕的地方。很多时候，我们可以有意识地战胜人生中的艰难和阻碍，但是我们却无意识地屈服于很多坏习惯。从这个意义上而言，一个人唯有战胜坏习惯，改掉坏习惯，才能为自己掀开人生的新篇章。当然，每一个坏习惯的产生都不是凭空的，而是因为环境中存在消极的因素对我们起到诱惑的作用。这些消极因素把自己伪装成各种模样，或者存在于我们的生活环境中，或者来自我们身边的某个人，甚至还会潜藏在我们的潜意识中。因为要想戒除坏习惯，我们首先要消除这些消极因素。为了与这些消极因素展开对抗，我们还可以让自己接受更多积极因素的引导，从而帮助自己渐渐形成更多的好习惯。

总而言之，坏习惯害人于无形，而好习惯则让人终生受益。任何时候，我们都要努力形成好习惯，奋力戒除坏习惯，从而让我们的人生拥有更多的积极力量，而消除那些消极的负面力量。

控制自己的贪欲，才能理财

现代社会流行一句话，你不理财，财不理你。这句话告诉人们理财的重要性。然而，虽然人人都知道理财很重要，也知道理财能让自己的钱生钱，提升生活的品质，获得更好的生活质量，但是大多数人在面对欲望的时候，还会情不自禁地缴械投降。双十一，大家热买不已。而双十一刚过，也有无数的网购达人宣布卸载淘宝、京东APP，不得不说，这都是内心虚弱的表现。当他们的自律力无法帮助他们控制贪欲时，也使得他们辛辛苦苦赚来的钱转眼之间都进入商家的口袋时，他们只能以如此虚张声势而又收效甚微的方式暂时安慰自己疲惫不堪的心。归根结底，淘宝和京东APP卸载之后随时随地都可以重新安装，唯有从内心深处意识到问题的严重性，真正理智地控制贪欲，才能避免无度的消费，也才能真正省下钱来让自己有积蓄，让自己有资格有财可理。

现代社会发展迅猛，很多新兴的行业不断涌入，新生事物也如同雨后春笋般冒出来。在这种情况下，我们一味地因循守旧当然是行不通的，很有可能不知不觉就被时代远远抛下。所以，每个人都要怀着开放的态度迎接时代的改变，更要时刻做好准备抓住那些千载难逢的机遇。然而，经济是发展了，工资也翻了几番，但是消费也变得更高。不但物价走高，房价更是以极高的基数持续翻倍，此外，再加上孩子的教育问题，使得每一个家庭都不堪重负，因而理财迫在眉睫。那些无财可理的朋友不知道，理财也是自律的表现，唯有拥有自律的人，才能始终保持理智的消费，让自己的所得有合理的分配，最终作出让自己满意的财产规划。

一直以来，清清都是父母的掌上明珠，因而从小过惯了衣食无忧的生活。她对金钱几乎没有概念，更不知道金钱得来不易。大学毕业后，清清留在大城市生活和工作，是个典型的月光族，每个月的工资收入都入不敷出，还常常需要父母的接济才能交得起房租。

后来，清清谈了个男朋友刘刚。刘刚收入比较高，两个人在一起之后，清清就有了两个人的工资收入可以支配，因而花起钱来更是大手大脚，丝毫不收敛。转眼之间，她和刘刚在一起一年多了，也都到了谈婚论嫁的年纪，因而开始考虑买房的事情。当刘刚问清清这一年来一共攒了多少钱时，清清瞠目结舌："没有啊，咱们开销那么大，怎么可能有结余呢！"刘刚不由得气得七窍生烟："我以前自己管理自己的工资，一年还能攒个三五万呢！你既然想买房，自己却一毛钱没有，那怎么买啊？"清清不假思索："我找我爸妈要一些，你也找你爸妈要一些。"无奈，他们只好各自向父母要了些钱，勉强凑够了首付，而此后的月供成为了大难题。清清每个月再也不敢随便买东西了，都要等到交完月供，才能计划其他开销。渐渐地，清清学会了精打细算。后来虽然她和刘刚工资都涨了很多，但是她再也不像以前那样大手大脚花钱，而是攒了一些钱，开始学理财，也让钱生钱。

一个人未必会在最合适的时候获得成长，而更多人的成长则是在吃了亏长了经验之后，才能进行。案例中的清清因为从小是娇生惯养的独生女，所以对于金钱没有任何概念，这也直接导致她在拥有自己的小日子之后，入不敷出。幸好清清受到教训，及时提升自己，完善自己的金钱观念，这给自己补了课，也让自己开启了崭新的人生阶段。

现代社会，每个人、每个家庭对于金钱的需求都比以前大了很多，如果仅仅依靠微薄的工资收入，很难满足基本的生活消费。在这种情况下，当然要依靠各种方式让钱生钱，诸如有人投资房产，有人投资基金，也有人购买理财产品。这么做的前提只有两个，一个是要有投资理财的意识，另一个是要有余钱。否则，作为一个月光族每个月都入不敷出，哪有闲钱理财呢？

还有很多工资阶层对于理财持有错误的观念，总觉得理财是那些大富豪的事情。不得不说，这样的观点大错特错了，而且已经落后了。现代社会，每个人都要拥有理财的意识，也要树立正确的理财观点，才能不浪费自己辛苦赚来的每一分钱，也才能最大限度提升自己的生活质量，从给帮助自己的人生获得成功。还有些朋友觉得理财的收入很低，因而对于理财的收入不以为然，殊不知，除了生下来就是富二代之外，大多数人都是平地起高楼，一点一滴才获得成功的。正所谓"理财一小步，人生一大步"，一个人哪怕辛苦赚到的钱再多，如果不懂得理财，也会导致致富速度缓慢。

作为新时代的年轻人，我们一定要记住，工资收入绝不应该是我们如今唯一的收入。而且，理财的时候，我们还应该意识到，不要把所有的鸡蛋都放在一个篮子里，唯有学会均衡资产，才能给予自己最大的保障。总而言之，新时代年轻人不但要有智商和情商用来辛苦打拼和赚钱，更要具有财商以钱生钱，才能拥有梦寐以求的、与众不同的人生。

把握细节，远离陋习

对于任何人而言，自律都是一种非常重要的品质，也是能够帮助人们战胜本能中劣根性的力量之一，并且是改变人生卓有成效的方法之一。一个人如果缺乏自律精神，不管什么时候都会遭受失败的打击。而唯有增强自身的自控能力，让自己真正实现自律，才能不断提升和完善自我，也才能做好准备抓住人生中各种千载难逢的好机会，获得成功。

然而，现实生活中很多人抱怨自己的人生有太多的不如意，甚至抱怨命运对自己不公平，因而从不偏爱自己。难道那些成功人士的成功都是在命运的偏爱下才获得的吗？当然不是。成功人士之所以成功，是因为他们拥有极强的自制力，也能够自律，从而不断提升自己，让自己变得更趋于完美，也成为实力的代名词。正因为如此，他们才能随时随地做好准备抓住转瞬即逝的机会，也才能更加关注细节，戒除那些看似无关紧要的小小陋习，最终让自己成为拥有成功的潜力，具备获得成功的各种条件和品质。不得不说，这个世界上从未有天上掉馅饼的好事情，更没有一蹴而就的成功，每个人的成功都是用汗水和泪水换来的，每个人的成功也都是在不断奋斗之后才真正得到的。

尤其是人在职场，几乎每个人都想要有出类拔萃的表现，让自己成为佼佼者。然而，没有人生来就比别人优秀。哪怕一个人在某些方面独具天赋，也必须坚持不懈地努力，锤炼自己，才能获得成功。所以一个人要想成为优秀者，只靠着天赋是远远不够的，还要拥有自律力，这样才能保证自己不管有无外界的约束，都能做好自己。这恰恰展示了一个拥有超强自律力的人与众不同的地方，也是他们力量的源泉。当一个人拥有一颗强大的内心，哪怕没有外界的约束也能抵抗那些散发出负面力量的诱惑，他们不管在生活中还是在工作上都会特别出色，他们也值得拥有更美好的未来。

自律不仅仅意味着自我管理和对自己严格要求。一个自律的人，同时也有极强的责任心，不但能够监督自己，也能够监督他人，从而为自己营造良好的人生环境。很难想象，假如一个人每天衣冠不整、蓬头垢面，他难道能把清洁和打理自己之外的事情做好吗？显而易见，答案是否定的。

很多企业中资深的管理者都知道，不管管理的手段多么高明，一个团队要想卓有成效，最根本的还在于激发团队成员实现自我管理，以自律力督促自己不断进步，获得良好的发展。自律力提供给每个人的是强大的内驱力，这是任何外驱动的力量都无法相比的。可以说，如果在一个企业中人人都具备自律力，也能实现自我管理，那么企业就会获得整体上的良好状态，企业中每一个团队的合作都会事半功倍，效率倍增。正所谓"水能载舟，亦能覆舟"，企业发展好了，作为企业成员之一自然也会得到更好的薪资和福利待遇，因为企业的发展与员工的个人发展是相辅相成的。

还有些朋友总觉得自己如果在工作上表现太好就吃亏了，因为和那些在工作上蒙混过关的人相比他们付出了更多，但是回报却是相当的。其实，这样的想法完全错误了。每个人在工作中的收获，绝不仅仅得到经济上的报酬那么简单，最大的收获实际上是不断增长的经验、持续开阔的眼界。正如有一位名人所说的，人生中没有任何一段经历会是白白经历的。每个人唯有怀着坦然的心境接纳命运的馈赠，也从容地在工作中承担起更艰巨的任务，才能在得到报酬之外获得更为丰厚和值得珍惜的回报。

一个真正自律的人，除了要在重要的大方面让自己符合自身的要求和他人的预期之外，哪怕面对很多小小的细节，也绝不放松对自己的要求。他们哪怕觉得工作很单调，或者任务艰巨得无法完成，也绝不会轻易放弃，而是竭尽全力做到最好。他们不会忽视工作的细节，而是尽量追求尽善尽美。最终，也许他们看似吃亏了，但是在长久的共处之后，上司和老板必然发现他们的过人之处，也会更加信赖和器重他们，这岂是一点点的加班费能够换来的呢？由此可见，自律者最大的受益人不是他人，而是自己。

反之，当一个人想方设法找到各种理由放纵自己，也不愿意约束自己更加勤奋、努力，那么他们就会害了自己。他们在上学的时候不能全身心投入学习，在工作之后又不能全身心投入工作，最终耽误了自己，使得自己的一生碌碌无为，没有任何成就。当工作上有任何变动的时候，他们首当其冲会被淘汰，因为他们既没有过人之处，也没有可取之处，那么公司还有什么必要留着他们呢？

从细节的角度而言，现代职场竞争异常激烈，好的工作机会和优秀的平台少，而一旦遇到好机会每个人都削尖了脑袋往里挤，这就注定了大部分人都会在竞争中惨遭淘汰。而我们如果想提升自己，让自己在竞争中更具优势，除了在大的方面拥有过硬的学历和知识技能之外，还应该注重细节，才能让自己更趋于完美，也顺利得到上司的认可和赏识。不得不说，很多职场人士之所以失败，并不是因为他们出现了大的失误，而是因为他们对细节缺乏关注，最终导致自己陷入麻烦之中无法脱身。总之，职场人士做好大的事情很容易，因为每个职场人士对于重大事情都会有更多的关注，而要想做好每一个细节却很难，因为大多数人都会忽略小细节。这种情况下，如果我们能够从细节方面对自己严格自律，让自己变得更优秀，那么我们自然会从无数竞争者中脱颖而出，从而为自己争取到更好的发展平台和更多的发展机遇。

拥有好心态，坚持最真实的自我

人人都有很多好习惯，也有很多坏习惯，大多数习惯都涉及生活与工作中的小细节，也是更容易改变的，然后有一种坏习惯对人影响特别大，而且很难改变，那就是——心态的习惯。常言道，有什么样的心态，就有什么样的人生。曾经有西方的心理学家经过研究发现，除了天赋异禀者，大多数人的先天条件相差无几。如果这个研究结果是真实有效的，那么为何大多数人却命运迥异呢？这是因为人在不断成长的过程中，渐渐形成了不同的心态，也渐渐地让人生走向不同的趋势，最终对于人生的收获截然不同。

有些人，似乎天生就有好运气，他们不管是读书学习还是工作生活，都一帆风顺。对于他人哪怕努力很久也未必能够达到的，他们轻而易举就能达到，难道真的是命运偏袒他们吗？其实不然。他们从呱呱坠地开始，并不是与成功如影随形。同样的道理，那些总是失败、诸事不顺的人，也并非从一出生就与失败结缘。不管是成功者还是失败者，从出生开始都站在相同的起跑线上，然而随着成长，他们对于人生的态度截然不同。成功者对人生积极乐观，而失败者对人生似乎已经习惯了消极悲观。众所周知，消极悲观的情绪会导致人的气场也变得充满负能量，而根据吸引力法则，消极悲观的气场也必须辐射出消极悲观的吸引力，这样当然很容易理解为何情绪消沉、意志软弱者总是与失败结缘。

恰恰相反，积极乐观者拥有充满正能量的气场，辐射出的吸引力也是积极的，自然会吸引更多积极的事物发生在当事人的生命中，这样从表面看，当事人的人生貌似总是一帆风顺。归根结底，这一切都是心态决定的。

曾经有一位德高望重的哲学家说，心态是每个人真正的主人。其实，从古至今，人们对于心态的力量颇有研究。美国大名鼎鼎的成功学大师卡耐基也说，人与人之间巨大的差异，恰恰取决于心态的微小不同。由此可见，心态的小小差异折射在生命中，就会造成截然不同的人生和命运。既然有什么样的心态，就有什么样的人生，作为明智的人，我们哪怕无法改变客观存在的一切，也应该控制好自己的心态。正如人们常说的，既然哭着也是过一天，笑着也是过一天，为何不笑着度过人生中的每一天呢？同样的道理，既然消极也是过一生，积极也是过一生，为何我们不把消极被动的人生转化为积极主动的人生呢？当你真正做到这一点时，你会发现自己的人生有了翻天覆地的变化，从此之后截然不同了。

毋庸置疑，每个人在生活中都想获得幸福，在事业上都想获得成功，这是人们心底最真切的渴望，也是最无奈的奢望。之所以说这是人们心底深处最无奈的奢望，是因为大多数人最终迫于无奈，都把这个伟大的梦想变成了最不切实际的空想。而导致这个梦想落空的根本原因，就是人们没有积极的心态。大多数人从心理上来说都是非常脆弱的，他们不相信自己，也不相信他人，因而导致人生无处寄托。实际上，每个人要想获得成功，都必须相信相信的力量。相信的力量是我们人生中最伟大而又神奇的力量，很多朋友都知道爱能创造奇迹，例如某个植物人在爱人无微不至的照顾下，沉睡了十几年又醒来了。实际上，这不是奇迹，也不是爱的力量，而是爱人相信的力量赋予这个植物人醒来的勇气。他的爱人必然数十年如一日地相信他一定会醒来，从未放弃过他，所以他的生命受到感召，从而复苏。

现实生活中，很多人因为生活的无奈和残酷，而感到束手无策。的确，很多情况下客观外界的存在是无法改变的。一味地祈求改变外界，只会让我们更加苦恼。与其徒劳无功地强求，我们不如更好地调整自己，改变自己的心态，从而激发出自己的潜能和无限的能力。记住，任何情况下抱怨都不能改变任何情况，更不能处理好任何问题，既然如此，我们与其浪费宝贵的时间去抱怨，还不如积极地想办法切实解决问题。哪怕想出来的办法并不能真正解决问题，而只能把问题向前推进一步，对于我们而言也是巨大的成功和进步。朋友们，一定要记住，成功与失败就在一念之间。唯有拥有好心态，你才能迈开大步奔向成功！

每天多做一点点

苏格拉底是古希腊大名鼎鼎的哲学家，很多年轻人仰慕他的才华，因而都拜他为师。有一天上课时，苏格拉底走入教室，对学生们说："同学们，从现在开始，我希望大家配合我进行一项运动。其实很简单，就是先把自己的两只胳膊往前甩150下，然后再把自己的胳膊往后甩150下，这样每天坚持300下，你们就算完成任务。能做到吗？"学生们都异口同声对苏格拉底的提议表示认可。次日，苏格拉底上课的时候询问学生们有哪些人做到了，学生们无一例外都举起了手。而一个月之后，苏格拉底再询问学生们坚持的情况，只有大概2/3的学生自信地举起了手。而等到一年之后，苏格拉底再询问学生们坚持的情况，只有一个学生举起了手，这个人就是后来与苏格拉底齐名的大哲学家柏拉图。

任何一件事情，只做一次很容易。哪怕是小小的事情，看似是举手之劳，要想长期坚持下去，也是很难的。这就是坚持的难度，与此同时，坚持也会爆发出伟大的力量。在苏格拉底的众多学生中，只有柏拉图坚持甩手，也只有柏拉图成为伟大的哲学家，这一点就验证了这个颠扑不破的真理。

每天多做一点点，这有什么难的呢？的确，一天、两天，甚至三天，都多做一点点，并没有什么难的。而要长期坚持下去，每天都多做一点点，无疑难度变得非常大。所谓持之以恒，正是每个人获得成功的必经之路和必备条件，也正是因为做到这一点才能帮助人们创造奇迹。

实际上，成功并不像人多数人所想象的那样，要拥有千载难逢的好机会，或者要在大的契机中才能实现。对于大多数人而言，等到走过人生之路再回头去看，会发现人生的成就往往取决于看似不经意的小事。举例而言，如果一个大学生每天坚持背诵5个英语单词，那么等到大学毕业之后，他也许就会顺利通过英语八级的考试，让不属于英语系学生的他也能以英语为专长；再如，如果一个销售人员每天都能坚持多打5个电话联系客户，那么或许他一天两天都没有额外的收获，但是当他坚持一个月，一年、两年之后，他的职业发展前景必然更加开阔，当然他也会因为不断攀升的业绩得到更多的回报。这正如滴水穿石、绳锯木断的道理。较弱的水滴和石头相比显然毫无力道，但是当水滴长年累月滴落在石头上，就会最终在石头上留下深刻的印记。柔软的绳索和木头相比也不够坚硬，但是用绳索一直坚持锯木头，木头就会被锯断。我们也要记住，哪怕再少的付出，只要坚持下去，日久月累，总能汇聚成伟大的力量，甚至彻底改变我们的人生。说到这里，朋友们，你们还因为"每天多做一点点"而感到不屑一顾吗？如果你们开始怀疑自己是否真的能够坚持每天多做一点点，那么恭喜你们，你们终于对坚持有了自己的理解，也绝不再轻视坚持的力量。

每天多做一点点，你哪怕在起跑线上时并不比别人领先，但是在进步的过程中，你渐渐地就会领先。很多时候，我们看到他人的成功总是羡慕嫉妒恨，甚至出于吃不到葡萄就说葡萄酸的心理，觉得他人一定是交了好运气，才会得到命运的如此善待。殊不知，他人的成功不是一蹴而就的，相反，在你没有看到的背后，他人已经付出了长久的努力，而且始终坚持不懈，持之以恒，所以才会有今日的收获满满。

对于如今的职场人士而言，要想在职业生涯发展中获得好的结果，不但要有作为敲门砖的过硬学历，作为在工作中展示自身实力的过人之处，还要拥有坚持付出的精神。前文说过，好的习惯使人受益终生，坏的习惯使人受害无穷，而坚持每天多做一点点，就是一种非常好的学习和工作习惯。当我们坚持每天多做一点点，我们哪怕并不拥有过人之处，也能不断提升自己，从而让自己获得更多的驱动力，最终在生活和工作中都获得成功。尤其是对于很多刚毕业的应届大学生而言，既没有资历，也没有经验，不如厚积薄发，一边做好最基层的简单工作，一边坚持下去，努力付出，让自己有朝一日华丽蜕变。从这个意义上说，每天多做一点点不但是个让人受益无穷的好习惯，也是一种难能可贵的职业精神。当我们把这种精神在工作中发扬光大，我们就能多赢一点点，也就多了一些成功的机会和可能性。加油吧，朋友们，从现在开始就多做一点点，你会切实感觉到自己距离成功越来越近了！

下 篇

运用自律——把自律变成一种习惯

第七章　情绪失控时：冷静三分钟再开口

　　每个人要想管理好自己，首先要管理好自己的情绪。当然，管理情绪的前提是认知情绪，才能做到引导和控制自身的情绪。现代社会，很多人都意识到情商比智商更重要，也说明人们知道驾驭情绪的能力对于人生的发展起到很重要的影响作用，甚至会在某种意义上决定人生。从心理学的角度而言，任何情绪都是内心心理状态的外化表现，所以每一种情绪背后都隐藏着深层次的心理原因，必须深入挖掘情绪背后的巨大力量，我们才能更好地控制情绪，实现自律。

哪怕再冲动，也要保持理性

　　在这个世界上，人人都向往自由，有的人渴望实现财务自由，有的人希望自己的所作所为无拘无束，不被约束。还有的人希望自己能够完全随意表现出情绪状态，而不要受到任何约束，诸如想哭的时候就哭，想笑的时候就笑，完全无须考虑外界的因素，而做到随性自然。实际上，财务自由的实现是有可能的，大多数人只要拥有足够的金钱，在不触犯法律的情况下，就可以随意购买自己想要的东西。而在法治社会，行为上的自由很难实现，人们不仅受到法律的约束，还会受到道德的约束，尤其是每个人都扮演着多重角色，所以也不能完全从自身的角色出发任意妄为，要努力调整自身的行为，让自己符合社会规范，也尽量达到身边人的预期。因而从这个角度上说，这个世界上根本没有绝对的自由，每个人都是在相对自由的状态下生活，在法律和道德规定许可内的范围最大限度发挥自身的能力，完成自己想做的事情。

和财务自由和行动自由相比，情绪自由对于每一个生命个体而言应该是最容易实现的。毕竟不管一个人是富裕还是贫穷，都是自己情绪的主人，都能为自己的情绪做主，也能实现自己的情绪调节。话虽如此，每个人都具有社会属性，都是社会的一员，却不能放任自己变成情绪的奴隶，导致最终被情绪奴役，也因为情绪受到牵连，成为情绪的牺牲品。曾经有位名人说，人最大的敌人就是自己，而征服自身的情绪，有效控制自身的情绪，对于每个人而言恰恰就意味着征服了自己，也主宰了自己的人生，从而把征服客观外界以及征服整个世界变成可能。

不可否认，每个人都是情绪的综合体，古人云，人有七情六欲，所谓七情，指的就是喜、怒、忧、思、悲、恐、惊这七种情绪。而这七种情绪并非总是单一出现，而是交替或者融合在一起，因而使人的情绪非常复杂。正是因为如此，有的人时而欣喜若狂，时而悲伤沮丧，他们甚至根本无法控制自己的情绪，只能任由情绪不停地反复无常，他们也会感到非常苦恼，导致生活和工作深受影响。毫无疑问，生活中，没有人愿意和情绪反复无常的人打交道；工作中亦如此，否则不但影响自己的情绪，还会影响工作的进度，导致无辜受到牵连。既然如此，我们最关键之处并不在于盲目地努力和追求成功，而是首先梳理好自身的情绪，才能清除自身对于成功的阻碍，从而卓有成效获得成功。

很久以前，有个年轻人家境贫苦，生活拮据。这个年轻人有一个特别奇怪的习惯，就是每当与人发生口角、产生争执的时候，就飞快地跑回家里，然后绕着自己破旧的茅草屋和小小的那块土地奔跑三圈。三圈下来，他只顾得上气喘吁吁地坐在田埂上喘息，而根本没有心思继续赌气了。因为勤奋努力，他渐渐地改变命运，不但住上了大房子，而且他拥有的土地在全村里也是最大的。毫无疑问，他成为村子里首屈一指的大富豪。然而，他依然保持那个奇怪的习惯，一旦生气，就会回家去绕着房子和土地奔跑三圈。显而易见，他如今的房子和土地都比以前更大更辽阔了，所以每次跑三圈之后，他都累得上气不接下气。

渐渐地，年轻人走过中年，进入老年，已经成为迟暮的老人了。即便如此，老人心里气愤的时候，依然拄着拐杖，举步维艰地绕着房子和土地走三圈。一天，老人最疼爱的孙子看到爷爷走路那么辛苦，实在忍不住就问道："爷爷，为何每次生气的时候，您都要走这么大的三圈呢？要知道，现在全村的房子里，您的房子最大，在全村的土地中，也数您的土地最辽阔。您拥有这么多，为何还要这么辛苦呢？"老人抚摸着孙子的头，充满疼爱地说："孩子，我之所以这么做，是因为年轻的时候我很穷，所以每当与他人争吵的时候，我都告诉自己，'你这么贫穷，有什么资格去和别人赌气。'这么想了之后，我就能够平心静气，赶紧努力改变自己的命运。后来，我拥有的越来越多，也渐渐变得富裕，我又扪心自问：'你已经拥有这么多了，难道还不知足吗？为何要与人斤斤计较呢？'这么一想，我马上获得心理平衡，也就不再生无谓的气了。"孙子恍然大悟，原来爷爷之所以明明白白过了这一生，就是因为他能够控制自己的情绪啊！

在这个案例中，老人显然已经深谙生活的真谛，他很清楚如果无力改变外界或者他人，那么最好的办法就是改变自己，调整好自己的情绪和心情，从而才能让自己获得幸福和快乐。实际上，现实中有很多朋友都会受到情绪的困扰，几乎无法保持情绪的平稳。越是在人生中艰难的时刻，我们越要坚持自己的本心，而不要随意放弃自己，更不要因为一些微不足道的小事情就陷入忧伤和惊惧之中。记住，任何时候，我们唯有坚持用理智控制自身的情绪，成为情绪的主宰，才能避免负面情绪肆意蔓延，从而战胜自己，成为真正的强者。

越是在内心烦躁不安的时候，我们越应该保持理性，让自己找回自信。其实，看一个人是否真的自信，未必只看这个人在危机关头的表现和反应，生活中的那些小细节，更能够表现出一个人的本心。当然，对待情绪我们也要学会疏导，就像大禹治水宜疏不宜堵一样，情绪的治理之道同样是宜疏不宜堵。尤其是现代职场人士，每天都承受着繁重的工作和巨大的压力，更要学会消除和疏导自身的负面情绪，从而避免自己被愤怒控制住。记住，人生中真正的强者必然是能够控制自己情绪的人。而一个人如果想实现自律，也必然要有效控制自己，也能够真正地主宰自己。

冲动是魔鬼，也是一切错误的根源

常言道，冲动是魔鬼。曾经有心理学家经过研究发现，一个人如果陷入极度的愤怒之中，不但会导致失去理智，而且会导致智商瞬间降低。由此可见，人们在冲动之下陷入愤怒之中，对于处理和解决问题没有任何好处，反而会导致事情更加糟糕和无法收场。所以真正明智的人知道，一个人要想战胜自己，成就自己，首先要做到控制自己复杂的情绪，从而始终保持头脑的清醒，也坚持严格自律。现实生活中，很多人自诩为性情中人，因而把喜怒哀乐都表现在脸上。其实，现代社会非常复杂，尤其是职场上的人际关系更是万分微妙。在这种情况下，要想更好地保护自己，我们就要调整好自己的情绪，而不要把一切高兴和不高兴都写在脸上，从而避免自己成为他人面前严重的透明人，总是被他人洞察得清清楚楚。

实际上，一个人总归是喜怒形于色，而且总是感情用事，动辄就生气发怒，甚至冲动地做出让自己懊悔的事情来，并没有任何好处。问题总是横亘在我们的面前，并不因为我们怒气冲天或者怨声载道而有任何改变。相反，当我们因为冲动失去理智，肆意放纵自己的行为时，我们反而会陷入更大的被动之中，彻底失去主动解决问题的权利。要想改变这个冲动的现状，最好的办法是控制自己的心情，而不要像大多数人那样任由自己的情绪不断地酝酿发酵，最终把理智挤得无影无踪。记住，一定要让理智控制情绪，而不要让情绪主导理智，这样才能争取解决问题。从这个角度而言，一个明智的人必然是能够保持理智，进行理性思考的人，而一个总是感情用事、动辄就陷入冲动之中的人，必然会犯更多的低级错误，也导致自己无法应对。

作为一名将领，巴顿将军无疑是一位极富传奇色彩的人物，尤其是他在军事上的特殊表现和才华，更是使他的能力有目共睹。然而，巴顿将军在军队里的声誉并不好，这都是他的火暴脾气闯的祸。巴顿先生在两次冲动地打人耳光之后，变得臭名昭著，而且为此失去了在战场上浴血奋战才得到的美名。

1943年，巴顿将军正率军在意大利作战。那是非常炎热的一天，中午过后，巴顿将军像平日一样去位于西西里的后方医院探望受伤的士兵。那个时候条件艰苦，一个帐篷里要住十几名伤员。巴顿来到当作病房使用的帐篷之后，就与士兵们交谈起来。起初，他丝毫不吝啬自己的赞美之词，给予受伤的士兵极高的评价，并且鼓励他们与伤痛作斗争，等到康复之后早日回归部队。后来，巴顿看到有个伤员正在发高烧，就没有打扰那个伤员，而是来到一个蜷缩在地上瑟瑟发抖的伤员身边。他耐心询问伤员的情况，伤员哭着回答巴顿由于自己不幸患上了神经疾病，导致以后再也无法听到炮弹的响声了，巴顿听后不由得火冒三丈，当即毫不迟疑抬起手来给了伤员一个打耳光，并且冲着伤员怒吼："你这个废物，你这个胆小鬼！你还有脸哭，你他妈的真是丢人。其他人都是在战场上英勇负伤，你这个胆小鬼根本不配和他们在一起！"说完，巴顿还狠狠地踹这个士兵，直到这个士兵被踹得连滚带爬去了其他帐篷。即使这样，巴顿也不解气，他还叮嘱医院负责人不要再收留这些无用的胆小鬼。

后来，巴顿将军余怒未消，又强迫那个实际上患了"弹震神经症"的伤员去战场，并且威胁那个伤员如果不照他说的办，就会被枪毙。他不停地怒吼："我真想一枪毙了你，你是个可恶的胆小鬼！"在离开医院之前，巴顿将军还叮嘱医院负责人把那个被他称为"胆小鬼、懦夫"

的伤病员送到战场上。后来有一次，巴顿又遇到同样状况的士兵，他的处理方式和前一次一样，先是毫不迟疑给了士兵一个大耳光，接下来就是肆无忌惮的侮辱和谩骂。

这两次耳光事件，让功勋卓著的巴顿将军在将士们心目中的地位一落千丈，也使他在历史上的名声蒙受了污点。实际上，那些出现神经症状的士兵虽然再也不能听到炮声，但是他们对于战斗也付出了同样的努力，只是因为客观原因，才使他们出现与别人不同的受伤症状。他们同样很勇敢，他们并非故意躲避上战场，而是身不由己。但是作为一个将军，只把士兵当成派到战场上冲锋陷阵的机器，而丝毫没有想到士兵也是人，必然会出现各种各样的问题。假如巴顿将军能设身处地站在士兵的角度考虑问题，也许就不会这样无法容忍士兵了。

毫无疑问，如果一个人动辄就生气，那么未必是外界出了问题，而很有可能是他内心出了问题。在这种情况下，作为明智的人，千万不要一味地抱怨，而是要从自身出发，从而尽量调整自己的心态，让自己变得更平静，也更能容忍。当然，前提是要获得内心的平衡，也真正疏通自己的情绪，否则一味地压抑怒气是没有办法保持理智的，因为早晚有一天被压抑的愤怒会喷薄而出。本着对人生负责的态度，我们每个人都要努力控制自己的情绪，不被冲动的魔鬼控制，更不能成为冲动的傀儡。

保持自律，克制欲望

人人都有欲望，当欲望变得过度，而且不切实际时，欲望就会对人生产生负面的影响和作用。尤其是很多人对于自己的欲望非但不觉得需要控制和调整，反而觉得理所当然，而且在要求他人满足他们的欲望时盛气凌人。不得不说，这样的欲望不但伤害自己，更会伤害他人，然而归根结底伤害的还是我们自己。

人是有弱点的，尤其是人的本能，更是存在很多天生的弱点。欲望，就是人与生俱来的本能。当把欲望控制在合理的范围内，欲望就会激励我们不断努力和奋斗，最终实现梦想。当欲望超出合理的范围，又会导致我们被欲望控制和支配，从而为了满足一己私欲，做出让人难以理解和接受的事情。因而在人生的过程中，随着不断成长，每个人面临的难题就是控制自己的欲望，从而让欲望始终保持在合理范围内，也能够激励我们在人生的道路上不断奋进，最终取得成功。

然而，控制欲望说起来容易，做起来却很难。这是因为欲望还是不断发展变化的，有的时候减弱，有的时候胃口越来越大，不断增强。因而也有人把欲望视为洪水猛兽，甚至断言欲望有强大的邪恶力量，将会彻底摧毁人生。其实，如果人人都拥有自律力，也能合理控制自身的欲望，那么欲望就是无罪的，有的时候还会对人生起到积极的态度。所以要想控制欲望，我们首先要端正自己的人生态度，然后提升自己的思想高度，让自己具有优秀的品质。尤其是当欲望越是强烈的时候，我们越要发挥一切的力量极尽所能地控制自己，从而让自己成为欲望的主人，而不是被欲望的洪流裹挟，在人生的海洋上漫无目的地浮浮沉沉。唯有如此，我们才能驾驭欲望，掌控好自己的人生。

美国大名鼎鼎的船王哈利拥有庞大的家族企业，随着年纪越来越大，他有意向把自己的家业交给儿子小哈利打理。然而，在把家族企业正式交给小哈利之前，老哈利决定对小哈利进行一番考验和锤炼。在小哈利23岁生日那天，老哈利没有把家族企业交给小哈利，而是给了小哈利两千美元，带着小哈利去了赌场。老哈利不但亲自教会小哈利如何赌博，还告诉小哈利必须剩下500美元，绝不能把所有的钱都输光。没承想，小哈利刚刚接触赌博，觉得很新鲜，很快就输红了眼，完全把老哈利的话忘在脑后。最终，小哈利身无分文走出赌场。

老哈利看着沮丧的小哈利，说："你自己去挣钱吧，有了本钱，再去赌场。"结果，小哈利用了整整一个月的时间，才打工挣到几百美元。这次，他在走进赌场之前给自己定下规矩，当输掉一半的钱时，就必须马上离开赌场。然而，等到钱输掉一半时，小哈利依然梦想着赢回本钱，最终他又输得一干二净。小哈利深受打击，告诉老哈利赌场是个邪恶的地方，因而他决定以后再也不进赌场。然而，老哈利坚持让小哈利再去挣钱，等到有了本钱继续去赌钱。这次，小哈利打工半年多，才再次走进赌场，而且在钱输掉一半之后马上止损，走出赌场。小哈利产生久违的成功感觉，老哈利这才满意地说："在赌场上，你需要赢的不是别人，而是你内心的贪欲。如果你能控制自己，你就不会输得一干二净。"

从此以后，小哈利每当输掉10%的本钱时就会当机立断离开赌场。

渐渐地，他的赌技越来越高超，他开始赢钱。然而，胜利让小哈利冲昏了头脑，他打牌非常顺利，几乎每一注都能赢。虽然老哈利建议小哈利马上离开赌场，小哈利却不以为然，毕竟这种轻轻松松就赚得盆满钵满的感觉太让人兴奋了。然而，正当小哈利春风得意时，牌桌上的局面突然急转直下，小哈利最终又输得精光。此时此刻，小哈利未免后悔自己不曾听从父亲的建议，在赢牌之后也果断离开赌场。再次失败的小哈利继续打工挣钱，一年之后，他终于成为一个能够顺其自然把输赢的幅度都控制在10%以内的职场老手。老哈利这才对小哈利放心，因为小哈利已经成为一个在赢牌的时候也能坦然退场的赢家，他显然具备了管理公司的能力。

老哈利当即把公司的财务交给小哈利管理，小哈利受宠若惊："我对管理公司的事情还什么都不懂呢！"老哈利却非常信任老哈利，说："你很快就能学会和掌握公司的业务，因为你已经懂得如何控制自己的欲望了。"老哈利深深地懂得，一个人唯有控制自己的情绪，能主宰自身的欲望，才能最终获得成功。

老哈利对于小哈利所做的一切告诉我们，一个人在输的时候能够及时止损固然重要，更难的是在赢的时候顺利地离场，这才是主宰自己的表现。每个人都有欲望，每个人也都梦想着不劳而获。因而，当一个人习惯了衣来伸手、饭来张口时，他们不但对于金钱没有任何概念，而且对于自己的控制也会很弱。所以每个人要想获得成功，首先就要认清楚自己，也积极地控制好自己，实现严格自律。这样，他们才能从容应对人生，也才能在人生的道路上不断地前进，最终成就自我。

实际上，一个人之所以被欲望驱使，就是因为缺少自控力，此外，还因为没有端正对人生的态度。如今，很多人都提倡并且以身践行极简生活，就是在降低自己的欲望，从而让自己的生活变得至简至美。从生命的本质而言，每个生命个体需要的物质其实并不多，大多数人之所以在欲海中沉沉浮浮，就是因为他们没有问清楚自己的本心，也因为他们缺乏自控力和自律力。

宽容大度，能容天下之事

很多人都看过弥勒佛的佛像，也为弥勒佛笑弯了眼睛的模样感到非常有趣。自古以来，人们还形容弥勒佛"大肚能容，容天下难容之事；笑口常开，笑天下可笑之人"。的确，每个人如果能够达到弥勒佛的境界，相信也会收获更多的幸福快乐，遗憾的是，现实生活中很多人都特别爱生气，真正能够像弥勒佛一样不计较、爱宽容的人少之又少。

人的本性就是自私的，很多人对于自己所犯的错误，总是采取宽容的态度，甚至自我安慰一切都没有什么大不了的。而对于他人所犯的错误，他们总是睚眦必报，更有甚者揪住他人的小辫子不撒手，一味地逼迫他人承担责任。实际上，生活中并没有绝对的对错，正如辩证唯物主义观点提出的，凡事都有两面性，一件事情就能够产生积极的作用，也能够产生消极的作用，既然我们不能改变外界，也无法改变他人，为何不以宽容的态度对待一切，然后从自己的身上寻找原因寻求改变呢？

记得曾经有一位名人说，生气是用别人的错误惩罚自己。的确，别人惹我们生气，原本就是做出了伤害我们的事情，在这种情况下如果我们继续生气，岂不是更加中了别人的圈套，导致自己损失更惨重吗？还有的时候，别人根本不是有意惹我们生气，而是无心之举，别人浑然不知，我们却在一直生气，细细想来这样的气愤真的很可笑。如果能够做到当着别人的面理论，把事情说清楚，那么尚且可以解释清楚误会。有些人却很爱生闷气，始终不愿意勇敢和正面面对，这样必然导致自己情绪恶劣，无形中更是吃了大亏。

从事情的本质而言，每个人看待事情的时候都会从自身出发，站在自己的主观角度评价和判断问题。这正是大多数人都会犯的主观主义错误。实际上，当出现问题的时候，如果我们能够转换视角，不要一味地从他人身上找原因，而是主动进行自我反省，也认识到自我的不足，那么我们就不会那么生气。归根结底，很多愤怒之所以产生，是因为我们不能设身处地为他人着想，更不可能站在他人的角度思考和考虑问题。

尤其是现代社会，人心浮躁，大多数人都急功近利，也因而导致生活和工作中存在更多的气，甚至气四处弥漫，最终把整个社会都搞得乌烟瘴气。有个女孩独自去云南旅游，却被云南车站旁载人的摩托车主用刀砍伤了。这个女孩讲述自己根本不知道为何会发生这样的事情，然而我们却不难推断，一定是女孩在拒绝载人摩托车主招揽生意时，出言不逊，或者哪怕是一句无心的不那么伤人的话，也有可能触怒对方，导致对方做出失去理智的伤人举动。经常开车的朋友知道，在堵车严重的大城市，有很多路怒症患者。假如开车的过程中彼此产生不愉快，那么一旦哪句话说得不对，就会导致路怒症患者动起手来，使事态升级。几年前在北京，有一位妈妈推着孩子走出超市，在走向道路的地方，正巧挡在一辆刚从停车场出来的车前面。司机喝了酒，拼命地按喇叭，这位妈妈也没有避让，最终司机下来和妈妈理论，妈妈也怒气冲冲。结果，让妈妈后悔一生的事情发生了：愤怒的、失去理智的司机举起婴儿车里的孩子，将其狠狠地摔到地上。婴儿的生命那么脆弱，怎么能经得起如此严重的伤害，最终孩子无辜地逝去了，而妈妈无论如何也没有想到自己的口舌之争会给小小的孩子带来灭顶之灾。当然，我们这里并非说一切责任都在妈妈身上，而是告诉每一位朋友，既然我们不知道自己遇到的是否是一个心中充满负能量甚至有些变态的垃圾人，那么我们不妨宽容一些，不要让这样的悲剧再次发生。正所谓退一步海阔天空，忍一时风平浪静，我们不但要知道这个道理，更要在人生之中真正做到宽容忍让，大肚能容。

淡定从容，忍耐让人生受困扰

很多人都知道，当干柴遇到火焰，必然灼热地燃烧。在盛怒之下，如果我们给怒火添加干柴，无疑会导致一切事情都变得不可收拾，而唯有保持淡定的心境，学会忍耐，才能让人生变得更从容，也不至于火势蔓延，伤及无辜。

人与人在相处的过程中，难免会发生各种各样的矛盾和争执，只要一方能忍耐，那么事态就会得以控制，不会升级和恶化。而如果双方都是暴躁的脾气，那么也许不分青红皂白就要打起来。现实生活中，很多人因为缺乏忍耐的精神，导致把小事升级，变成不可收拾的大事。例如在农村，有的邻居之间因为一句口舌之争，就导致斗殴不止，严重者会闹出人命官司，结果毁掉了两个家庭。这样的悲剧时时上演，遗憾的是很多人都对此无知无觉。如果在遇到事情的时候，我们能更多地反思自我，而不是指责他人，那么相信人际关系就会变得更加和谐融洽，也不会因为一点点小事情就导致事态升级。

古人云，小不忍则乱大谋，实际上是有道理的。很多时候，一时冲动会使人懊悔终生，而冲动之下做出的事情，也会无法弥补和挽回。很多老司机都知道，在面对十字路口的时候，宁停三分，不抢一秒。而实际上，在面对人生的三岔路，面对情绪的红绿灯，我们也要耐心等待，从而给予自己冷静思考的时间，也理智约束自己，让自己谨言慎行，透彻思考。

清朝康熙年间，大学士兼礼部尚书张英的老家在安徽桐城。张家的宅院和吴家相邻。原本，张家和吴家两家之间还有一条非常窄的巷子，专供两家人偶尔通行之用。后来，吴家人要修建新房，因而打起了这条窄巷的主意，想要把窄巷据为己有，圈占在自己家院墙里。然而，张家人不同意，为此两家一纸诉状，到官府打起了官司。这件事情，原本是吴家先动了歪心思，然而吴家也是当地的大户，结果县官既不敢得罪地头蛇吴家，也不敢得罪朝廷官员的家里人，因而只能在其中和稀泥，迟迟不作决断。

张家人愤愤不平，当即写信让家丁火速送往京城。原本，他们是想让张英站出来给县官施加压力，从而帮助他们解决问题，没想到张英看到家书之后，当即修书一封："千里修书只为墙，让他三尺又何妨。万里长城今犹在，不见当年秦始皇。"家里人读了信之后，虽然心中依然愤愤不平，却觉得张英所说很有道理，因而当即委曲求全，让出三尺空地作为与吴家之间的通道。没想到，吴家看到张家深明大义，也主动让出三尺地，就这样，原本一条窄窄的巷子变成了六尺巷，百姓出入往来都很方便了。

案例中，张英不愧为当朝宰相，站得高，看得远，不为了小小的利益就与邻居反目成仇。这就是忍耐的力量，也是宽容的榜样。正是因为张家主动作出退让，所以吴家才会效仿张家，从此六尺巷成为千古美谈。

忍耐是美德，不但宽容了他人，也平静了我们的内心。善于忍耐和宽容的人，他们的心态淡然从容，也因为能够保持情绪的平静和理智。当然，需要注意的是，忍耐绝不是纵容，也不是毫无原则地一味宽容。一个真正懂得忍耐的人必然有一颗包容之心，但是他们绝不失去自己的原则，在必要的时候也会据理力争，维护自己的合法权利和利益。所以善于忍耐的人都有极高的修养，能够审时度势，对他人的很多行为都作出最佳的回应。

在非洲辽阔的沙漠上，长年缺水，生存条件非常恶劣。有一种叫一米的小花，生长的周期非常漫长，甚至要经过6年的等待，才能绽放花朵。而相比6年的等待，它的花期非常短暂，只有两天的时间，在绽放两天之后，娇艳欲滴的鲜花迅速枯萎。而要想等来再次绽放，依然需要6年的时间。原来，这种小花的根系不够发达，只有一条根为它吸收水分，汲取营养。所以6年中，它一边不断地默默生长，一边抵御残酷的环境，直到汲取足够的养分才能厚积薄发努力绽放。即便如此，一米也从未放弃自己的花期，它顽强的生命力和坚韧不拔的精神，值得每一个生命尊重。

常言道，人生不如意十之八九，人生在世，我们遇到的也并非都是顺心如意的事情。很多时候，人们必须经受种种挫折和磨难，才能排除万难，不断地成长。既然如此，忍耐当然是必不可少的人生品质，淡然从容的心境，也恰恰是我们走过风雨泥泞，依然痴心不改的保证。

第八章 心态崩塌时：不在崩溃边缘作任何决定

有人说，心态决定人生，这句话是很有道理的。一个人如果拥有强大的内心，淡然的心态，那么就能泰然自若处理好人生中的很多事情。相反，如果一个人无法保持平静和理智，心态也濒临崩溃边缘，那么注定了他无法理性思考问题和作出选择，在这种情况下，让自己停下来认真思考，理智对待，就显得非常重要。

保持理性，不要盲目作出决定

人是感情动物，很容易因为生活中各种琐碎的、懊恼的，甚至是无法解决的事情而使自己的人生陷入被动状态，甚至自己也会因此心力交瘁，歇斯底里。实际上，越是在遇到危急的事情时，越是当人生处于低谷，遭遇挫折时，越是应该保持镇定，从而理智地思考，竭尽全力找到解决问题的办法。或者，有些人处于兴奋之中时，也会导致自己失去冷静，因而无法保持淡然。总而言之，一个人不管处于沮丧、极度的绝望或者是极致的兴奋中，要想避免因为冲动而作出让自己懊悔的决定，就要停下来，使自己恢复平静，也让自己更加从容淡然面对人生。

曾经有心理学家经过研究证实，一个人如果处于愤怒之中，不但情商急速下降，智商也会变为零。既然如此，本着对自己负责的态度，我们最好在愤怒以及非常冲动时，都要保持理性，而避免盲目作出决定，导致自己追悔莫及。常言道，人生不如意十之八九，每个人在人生之中都会遭遇种种挫折和磨难，越是感到无路可走，越要相信天无绝人之路，从而避免仓促作决定，导致自己更无路可退。当然，一个人要想控制自己的情绪也是很难的，尤其在激动的状态下，人们难免激动和冲动。那么理智的朋友就知道自律的重要性，因为唯有自律，才能保持冷静，避免盲目作决定。

当然，保持理性说起来容易，做起来很难。一则因为人是感性的动物，二则因为生活中有太多琐碎的事情，所以人们很容易被某件事情触发，陷入冲动之中。要想保持理性，我们首先要认清楚自己的脾气秉性，也了解自己的性格特征，从而才能有的放矢控制自己。其次，还要学会控制自身的情绪，要成为情绪的主宰，而不要被情绪牵着鼻子走。很多情况下，很多人之所以容易冲动，就是他们无法控制自己的情绪和怒气，因而总是冲动暴躁，导致人生也失去理性。

有人说，要想在人生中拥有清醒的表现，必须保持冷静和理智，对于每个人的人生而言，糊涂则是最大的失败。细心的朋友会发现，古今中外，大多数成就伟业的人，无一不具有冷静的特质。而也有很多人因为冲动，导致事态恶化。例如，俄罗斯大名鼎鼎的诗人普希金原本特别有才华，也会有很好的前途，却因为冲动地找情敌决斗，导致被杀死，失去了年轻的生命。假如普希金能够冷静思考，选择以更好的方式解决问题，就能为这个世界留下更多优美的诗作，也能够活得更长久。

其实，很多人都有这样的感受，越是在危急和紧要关头，越容易思维混乱。例如，有很多学生心理素质不好，一遇到大的考试，就会导致临场发挥失常，使得自己在重要考试中的成绩还没有平时好！还有的人在生活中遇到突发情况，原本的冷静和理智都消失得无影无踪，因而他们彻底晕头转向，一时之间根本想不出好办法解决问题，最终贻误好时机，也使得事情无法收场。实际上，一个真正强大的人，不会在人生中掉链子，不管是在日常的生活与工作中，还是在危急关头和紧要时刻，他们都能一如既往保持理智和冷静，也能够成为真正的支撑者，成为自己和他人的主心骨。越是在危难时刻，他们越表现出气魄。

也许有些朋友会说自己无法控制住惊慌，其实，有的时候伪装镇定也有很好的效果。就像我们伪装微笑，渐渐地心情就会真的变好，也真的高兴起来一样，伪装镇定也能有效平复我们的心情，从而避免我们把惊恐传染给其他人。情绪具有很强的传染性，所以每一个人面对危急的事情都要假装镇定，这样形成良好的氛围，也有助于积极地解决问题。

当然，说了这么多，也许朋友们会感到很困惑。那么，我们能否如同电脑一样设置情绪的防火墙，从而让自己拥有更多的保障，避免情绪的激动不安呢？当然可以，实际上保持情绪冷静也是有技巧的。首先，假如你对身边的人或者事情心生不满，那么你可以调整自己的心态，对自己作出积极的评价。例如，恋爱中的女孩对于男孩的迟到一定会很生气，这个时候与其消极地想象对方是故意迟到，不如积极地考虑对方也许是因为真的遇到着急的事情，所以才不得不推迟约会时间。当你的心转移到担忧对方的安危，你当然会转生气为担心，从而也会有效消除你心中的愤怒。这种方式是利用积极的想法来取代消极的想法，给自己的自来气灭火。

其次，如果第一道情绪防火墙没有达到预期的效果，那么我们还可以及时拦截心中充满负能量的情绪，控制好自己的冲动。很多人一旦生气，就会有各种冲动的想法，殊不知这些想法就像魔鬼一样，会使你失去理智。事实证明，一个人哪怕控制自己情绪的能力再强，也难免会有冲动的时候。这个时候一定要及时拿起灭火器浇灭心中的怒火，否则就有可能做出让自己追悔莫及的事情。面对情绪的红灯，我们可以采取各种办法让自己慢下来，或者彻底停下来，这样才能给予自己更多的时间和空间理智思考。例如，我们可以采取数数的方法让自己恢复理智，转移注意力，从而避免一心一意只想冲动地发泄。如果尚存一些理智，也可以提醒自己冲动行事的后果让事情变得更加糟糕，而并不能真正解决问题，从而让自己恢复更多的理智。总而言之，当我们想要控制自己的情绪，就必须让自己的胸怀变得博大，这样我们的人生才会云淡风轻。

最后，当前面两道防火墙统统失败之后，很多不该发生的事情已经发生，你或者发现自己口不择言，或者发现无法控制自己的行为，怒不可遏与对方发生了肢体冲突，那么最重要的是即使采取补救的措施，对自己的行为叫停。你要记住，任何情况下止损都是最重要的，先不要去争论长短，也不要纠结于谁对谁错，唯有果断止损，才能防止事态恶化。你要告诉自己，如今的一切并非是你的初心，也不是你想看到的。你要相信对方和你一样不希望事情变得一发不可收拾，这样你至少找到了与对方的共同点，也就能够迅速恢复冷静。

的确，我们要问自己，我们的初心是什么。唯有做好情绪的消防工作，我们才能避免被情绪困扰，因为歇斯底里会让自己陷入被动的局面中。记住，一个人唯有成为自己的主宰，始终保持平静和理智，才能成功地救赎自己，才能让自己更从容果断，勇敢面对人生。

把困扰自己的事情放一放

现实生活中，很多人都喜欢抱怨，他们的人生似乎就是为抱怨而生的，没有幸福快乐的影子，只有不停的抱怨、一味的抱怨。殊不知，抱怨除了给人生带来更多的负能量之外，根本于事无补，要想真正地解决问题，最好的办法是不抱怨，保持理智和冷静，也以积极的心态面对难题，这样才能改变人生的面目。除了抱怨之外，焦虑不安也是人生的负面情绪。曾经有心理学家对焦虑的情绪展开研究，让实验对象把自己焦虑的事情都写在纸上，然后由心理学家负责收集整理，将这些焦虑妥善收好。等到一段时间之后，心理学家再次把实验对象聚集到一起，并且发放他们的焦虑。这时，大多数人会发现曾经严重困扰他们的焦虑并没有真正发生，也没有对他们的生活产生实质性的影响，他们因此而起的焦虑完全是没有任何意义和作用的。只有极少数人的焦虑真正成为事实，但是他们曾经的不安对于解决问题没有任何积极的作用，相反，他们却因为不安而影响了自己原本可以从容面对的生活，正所谓得不偿失。既然抱怨和焦虑对于我们当下的生活起不到积极的作用，那么我们又何必不停地焦虑和紧张呢？与其花费宝贵的时间做无用功，不如调整好心态，充满勇气，迎难而上，反而会有意外的收获。

现实生活中，很多人追求成功而不得，实际上他们并非没有成功的先天条件和潜质，而是因为他们总是怀疑自己、否定自己，也无法面对充满艰难坎坷的人生。他们常常陷入自卑心理中，被焦虑和抱怨困扰，因而也导致人生缺乏创新的勇气和重头再来的契机，最终他们被困于焦虑之中无法自拔，人生也变得越发暗淡。还有些人之所以无法在人生中创新，是因为他们因循守旧，害怕新生事物，因而使自己的人生数十年如一日，没有任何变化。不得不说，现代社会随时随地都处于变化之中，各种新生事物更是如同雨后春笋般层出不穷，与其被动改变，不如主动作出改变，积极地提升和完善自己，也许才能改变自己的心态和气场，也真正在人生中占据主动。

当遇到困扰自己的事情时，我们应该调整好心态，未必要第一时间解决问题。对于危急且重要的事情，我们当然要尽快处理，而对于那些重要但是不危急的事情，我们可以暂且放一放。毕竟时间是最好的检验师，当我们对于自己该作出怎样的选择根本拿不定主意时，可以把一切交给时间来检验。等过几天，甚至更长的时间之后，我们再回过头来看这些问题，会发现事情并不像我们想象中那么严重和棘手，而我们只要坚守本分做好自己该做的事情，有些难题就会迎刃而解。

对于时间无法解决的问题，我们也不用担心。事情总是处于持续的变化中，当情况已经变得最糟糕，我们也就无须感到紧迫。因为事情再糟糕也不过如此，而一旦变化，就会给我们带来好消息，也会使得我们赢得更多的机会和转好的可能性。所以当面对糟糕的情况，我们反而要恢复理智和镇定，耐心地等待事情转好，也许事情还会朝着我们预期的方向发展呢！

总而言之，不管命运如何安排我们的人生，我们都不要抱怨，也不要沮丧绝望。抱怨就像是无底深渊，甚至比糟糕的事情本身更可怕。而生活也拒绝接受抱怨，我们抱怨越多，生活施加给我们的反弹力也就越强。就像人们常说的，生命就像一面镜子，你对着它微笑，它也会回报给你微笑。相反，你对着它哭泣和抱怨，它也必然以消极的能量回应你，使你加应接不暇。说到这里，相信聪明的朋友一定会作出明智的选择，也会真正知道自己如何才能获得幸福快乐的生活。

人生不但要拿得起，更要放得下，尤其是在关键时刻的放下，不但能让我们恢复理智和冷静，也能给予我们更多的时间捋清生活的思路，帮助生活以更加高效的方式不断向前。

战胜负能量，消除压力

现代社会生活节奏越来越快，人们的压力也越来越大，尤其是在职场上，激烈的竞争往往使人无处遁形，更无处可逃。有人说压力来自生活，有人说压力来自工作，有人大而化之，索性说压力来自这个时代。的确，每种说法都有每种说法的道理，然而不管压力来自何方，都始终伴随着我们的生活，对我们的人生产生很多消极的负面影响，甚至导致我们的心理上受到伤害。那么，我们应该如何应对压力呢？一味地逃避显然行不通，因为压力并不会因为我们逃避就不存在，更不会主动消失，唯有积极地面对压力，也深刻剖析压力产生的根源，我们才能有的放矢解决问题。

毋庸置疑，很多客观外界的条件都是无法改变的，尤其是在大自然面前，人类更是显得非常渺小。所以每个人都不要奢望通过改变外界来解除自己的困境，最有效的办法是调整自己的心态，增强自律力，从而让自己以更顽强的内心从容面对人生。很多人对于自律的了解未免片面，觉得自律应该是在压力之外的从容状态下，实现对自己的管理。其实不然，因为人是群居动物，每个人都要生活在人群中，也都具有社会属性，所以没有人能够真正完全摆脱压力生存。由此我们可以推断，一个人的自律，应该是建立在承受压力基础上的，这样才是真正的自律。

针对现代人被重重重压的情况，有很多机构都在大城市里针对白领展开调查研究。调查的结果显示，大部分看似光鲜亮丽的白领都有心理疲劳的问题，还有一些白领不得不为了应付工作疲于奔命，根本没有享受到工作的乐趣。而且哪怕是作为企业中的高层管理者，也面对不同程度的压力，导致身心交瘁。由此可以看出，现代社会中压力的存在是普遍现象。那么，为何职场人士的压力这么大呢？

一则是因为现代职场每个公司都人尽其才、物尽其用，所以也导致职场人士承受更加繁重的工作。二则是因为职场人士的心态导致的。很多职场人士对于自律都存在误解，总觉得所谓自律就是全身心投入工作，无限度地加班。正是这样错误的心态，导致近些年来人到中年"过劳死"的现象越来越频繁地出现。实际上，毫无限度地投入工作不是自律，而是职场人士本末导致，颠倒了生活与工作的表现。现代社会，很多行业都讲究可持续发展，实际上最需要可持续发展的是对人才的消耗。如果一家企业对人才不能爱惜，导致人才损耗加大，那么这不仅是这家企业的损失，也是整个社会的损失。前些年深圳富士康接连十几跳，也让劳动强度为整个社会广泛关注。在解决体力劳动的过度问题之后，接下来又偶尔发生脑力劳动者"过劳死"的现象，不由得引人深思。

对于个体劳动者而言，如果用人单位不能做到合理安排作息时间，那么我们也要对自己采取负责任的态度。毕竟每个人除了是用人单位的劳动者之外，还是孩子的父亲或者母亲，还是年迈老人的儿子或者女儿，所以我们每个人都要学会合理调节自己的生活和工作，从而实现自身的可持续发展。每个人对于自己的身体状况都应该是最了解的，那么就要注意控制不要让自己长期处于超负荷工作的强压力状态，否则一旦身体受到不可逆转的伤害，一切都会戛然而止，而所有你为之努力拼搏和奋斗的东西，也都变成了过眼烟云。很多父母都想趁着年轻给孩子创造更好的生活条件，殊不知直到生命面临威胁，他们才意识到父母给孩子最好的爱，就是陪伴孩子长大。所以，朋友们，我们都要放缓工作的节奏，放缓人生的脚步。记住，一个人哪怕再努力，也不可能把所有的工作做完。而一个人除了属于工作，更属于自己的父母、爱人和孩子等。单位在少了一个得力干将之后依然可以运转良好，因为这个得力干将是随时随地都可以被取代的，而一个家庭如果少了顶梁柱就会瞬间坍塌，甚至孩子的人生也会随之改变。作为明智的现代人，我们要学会调节自己的情绪，端正自己的心态。

尤其是职场人士，在面对高强度和巨大压力的工作时，更要学会宣泄压力，疏导情绪。如今，很多企业都设立了心理诊疗室，就是为了及时解决员工的心理问题，还有的企业设立了情绪宣泄室，供员工在心情压抑的时候宣泄情绪。除了企业的积极作为之外，作为个人，我们也要本着对自己负责的态度，主动处理好自己的情绪问题。例如，在感到自己情绪压抑的时候，可以做一些让自己高兴的事情，例如放纵自己一次去逛街购物，或者和志趣相投的朋友在一起谈天说地、纵情喝酒，还可以做一些自己喜欢的事情，诸如唱歌、旅游、去郊外远足等，这些方式都能卓有成效地缓解我们的压力，舒缓我们的情绪。当然，对于具体的方法是不拘一格的，只要是凭着自身的喜好选择对自己最有效的方式就好。

长期处于巨大的压力之中，不但会影响人们的心情和心理状态，也会对人的身体健康产生实质性的影响。诸如，很多疾病都和压力有关，如糖尿病、高血压、冠心病、脑梗死等，都是长期压力导致的。如今，很多年轻的职场人士处于亚健康状态，压力就是罪魁祸首。所以，朋友们，从现在开始就要及时地宣泄自己的压力，疏导自己的情绪，从而保持自己心情愉悦，这样不仅有助于生活和工作，而且对于身体健康也有极大的好处。此外，还可以吃一些有助于减压的食物，这些食物很健康，且能够愉悦心情，是我们的不二之选。总而言之，我们必须对于压力采取足够重视的态度，才能有意识地消除压力，让自己的人生变得阳光明媚、轻松自如。

保持"平常心"，对生命常怀感恩

生活中，有很多不知足的人，他们拥有健康的身体，却抱怨自己皮肤不够白皙；他们拥有疼爱他们的父母，却抱怨父母不是富一代、官一代；他们学习成绩很好，明明可以凭借实力考上好的大学，却抱怨自己没有被保送；他们在工作上得到了丰厚的回报，却抱怨自己为何不能像那些关系户员工一样不劳而获……他们抱怨的理由就是这个世界上有太多的不公平，他们没有想到的是，这个世界上还有更多无辜的生命正处于战乱之中，甚至连吃饱喝足和最基本的人身安全都无法保证；他们没有想到的是，有的人天生残疾，甚至是重度残疾，却要坚强而又努力地活着；他们没有想到的是，很多无辜的小生命一出生就被父母遗弃，成为孤儿，在这个世界上无依无靠，只能听天由命地活着；他们不知道的是，很多人因为家境贫困没有读过书，所以根本无法找到合适的工作，更得不到合理的报酬，而只能在最艰苦的环境中出卖劳动力……人的确应该生而平等，但是人与人之间的确从未有真正的平等存在。一个人与其一味地抱怨，无视自己所拥有的一切，不如保持一颗平常心，从而对生命常怀感恩之心。

人们常说，心若改变，世界也随之改变。虽然这句话有唯心主义之嫌，但是却有很大的道理。就像一位名人所说的，这个世界上并不缺少美，缺少的只是发现美的眼睛。在现实生活中，我们无法改变世界，但是当我们对待世界的态度和看待世界的方式改变了，我们就会发现世界也随之改变了。心中感恩的人，感谢阳光雨露滋润他们的成长，感谢父母给予他们生命，甚至感谢那些曾经伤害他们的人，让他们洞察人心险恶。这样的心态下，他们的心中充满善意和感激，也因此把自己的心从仇恨和其他各种狭隘的感情中解放出来，从而从容地享受生命，悦纳生命。

感恩不仅仅是一种心态，更是不同的生命对待生命的态度。感恩之心并非与生俱来，很多人都是在后天不断的成长和历练中，才把学会感恩当成人生的必修课，也带着感恩的心体悟生活，拥抱生活，感谢生活。很多人都觉得自己受到命运的亏待，其实命运对于每个人都是公平的，它在为一个人关闭一扇门的同时，会为这个人打开一扇窗户，前提在于当事人必须敏锐地觉察到命运对自己的补偿，而不要总是对着关闭的大门哭泣。否则，他就无法看到自己得到人生的厚待，也就始终怨声载道，不可能感激人生，对人生感到满足。

每个人都是群居的，都是人群中的一员，也都是这个社会上不可或缺的角色。理智的朋友会知道，作为独立的生命个体，我们与他人之间是相互依存的关系，我们的存在也离不开他人的付出和贡献。这就像电影《三个火枪手》中所说的，我为人人，人人为我。当我们先为他人付出，也必然得到他人丰厚的馈赠。每个弱小的生命更是从呱呱坠地开始，就得到家人无微不至的照顾和疼爱。所以我们要常怀感恩之心，感恩一切在我们生命中出现的人和事物，感恩人生的顺境和逆境。如果不是曾经经历了一切，我们就无法成为今天的自己，更无法收获成功的人生。

一个人如果终日满心抱怨，对生活充满着各种不满意，那么不要再从客观存在的人和事物中寻找原因了，而要扪心自问：我是否已经足够努力，是否已经做到最好？如果答案是否定的，那么问题就出在你的身上。尤其是很多人生活的环境相差无几，命运却截然不同，这更向我们证实了后天渐渐形成的人生态度和观念，对于人生的重要作用和深远的影响力。

对人生感恩，才能让我们拥有强大的内心，始终心怀希望，远离绝望。细心的人会发现，很多人一看面相，就是满面愁苦和悲戚。而有的人，哪怕历经岁月的磨砺，也依然怀着一颗赤子之心，所以他们的人生中充满了希望，也充满感激的积极情绪，因而他们面色平和，这恰恰预示着他们内心的宁静和安然。常言道，面由心生，如此看来一个人的面貌真的代表了他的内心。不老女神赵雅芝如今已经60多岁，却依然高贵优雅，这是所有美容的手段都不可能实现的，而这份由内而外散发出来的优雅和从容，只能来自她淡然恬静且非常强大的内心。

朋友们，请珍惜你们拥有的一切吧。对于人生而言，珍惜自己所拥有的，就是最大的幸福。否则，一个人总是这山望着那山高，既看不到自己所拥有的，最终也得不到自己想要的，那么人生还有什么机会获得幸福和快乐呢？人生也会因此变得毫无意义，甚至使人陷入无法摆脱的被动困境。人们常说，心病还需心药医，最大的感恩就是感恩那些曾经伤害过我们的人，这样我们才能宽宥自己，以德报怨，最终感化他人于无形。记住，如果你对自己现在的样子很满意，那么你就要真诚地感恩那些曾经出现在你生命中的一切人和事物。归根结底，真是因为他们的存在和出现，才成就了今天的你。

你对了，世界也就对了

没有任何人的人生会是一帆风顺的，这个道理人人都懂得，然而在真正遭遇人生困厄的时候，很多人都会马上把这个道理抛之脑后，开始怨天尤人、怨声载道，甚至诅咒命运的不公平。很多人心理上都非常脆弱，根本不能承受人生中任何的不如意。一旦有小小的不如意，他们就觉得是命运在和自己作对。其实，命运从来不曾和任何人作对，而是每个人都命中注定具有顺遂如意的时刻，也有沮丧绝望的时刻。既然如此，我们还有理由抱怨吗？如果我们一直与自己较劲，那么就会觉得整个世界都不对了。实际上，解决这个问题很容易，只要我们对了，世界也就对了。

现实生活中，很多人都喜欢较劲，似乎唯有如此才能证明自己的确存在。其实，人生拧劲的状态并不好，就像一个人倒霉了，即使喝凉水也会塞牙一样，人生一旦拧劲了，一切都会别别扭扭，甚至我们的心情也会变得无端烦躁，愤怒更是如影随形。一个人，如果一生之中始终认为是世界出错了，那么他必然郁郁寡欢。相反，一个人只有及时认识到世界没有错，而只是自己错了，才能真正释然，也享受人生的幸福快乐。

世界是客观存在的，太阳东升西落，从来不受我们情绪的影响。然而，人生到底是阳光灿烂，还是阴云密布，抑或是大雨瓢泼，就需要每个人自己去把握了。每个人的人生看似漫长，只有三天的时间，那就是昨天、今天和明天。昨天已经过去，成为无法改变和重来的历史，明天还未到来，而在明天没有真正到来之前，没有人能够预测明天。每个人真正能够把握的一天，就是今天。而今天恰恰在昨天和明天之中承上启下。归根结底，我们只有保证充实地度过今天，未来才有充实和无怨无悔的昨天，也有值得期待的明天。从这个角度而言，我们是人生的主宰，也是世界的主宰。

任何时候，不要把一切的不满和指责都归咎于这个世界。每个人不仅能力高低，都要依托这个世界存在，而世界就在那里，从来不曾主动地改变。世界的改变，都是由于人类精神活动和态度发生了改变，一个人如果只有意志，根本不可能改变世界。所以，朋友们，如果你们依然觉得世界就像拧好的麻花一样上了劲，不要焦虑，因为给世界松劲道、让世界恢复最舒服姿态的钥匙，就在你的手中。

有个牧师正在为次日如何布道而发愁，哪怕绞尽脑汁，他也没有找到好的讲题，为此他忧心如焚。然而，他的儿子凯里才5岁，丝毫不能理解爸爸的辛苦，总是时不时地就来敲爸爸书房的门，要求爸爸陪着他一起玩。为此，牧师感到心烦不已，当凯里再来敲门时，他随手拿起一张世界地图，并且将其撕碎交给儿子说："接下来，你先去拼好这张地图，然后等你地图拼好了，爸爸就会陪着你一起玩。"原本，牧师扬扬得意，想着凯里一定至少花三个小时的时间才能把地图拼好。不承想，时间才过去十几分钟，凯里就捧着拼好的地图回来了。看着完整无缺的地图，牧师惊讶得合不拢嘴："这，这真的是你拼的吗？"凯里毫不迟疑点点头。牧师继续追问："你是如何做到的呢，这可是地图啊！"这时，凯里把地图翻过来，指着地图背面硕大的人头像说："我把人头像拼好，地图也就拼好了，没什么难的。"

凯里的话使牧师如同醍醐灌顶：的确，人对了，世界就对了，这就是我踏破铁鞋无觅处、得来全不费功夫的布道讲题啊！

很多时候，成人受到固有思维的局限，总是因循守旧，无法使用发散性思维思考问题。而孩子的思维则不受限制，这也是很多孩子反而能够启发成人思维的原因。生活中，只要人对了，很多问题的确会迎刃而解。所以我们的眼睛不能一味地盯着外界，而要更多地反省自己，从自己身上找到原因，才能有的放矢从根本上解决问题。

当我们拥有一双发现美丽的眼睛，整个世界都会变得更美；当我们拥有善良纯洁的心灵，他人在我们眼中的样子就不会那么面目可憎。我们的心是怎样的，世界折射在我们眼中就是怎样的，所以不要抱怨世界不是你理想中的样子，而要确定你的心是否如你所期望般美好。朋友们，你现在就可以快乐起来，只要你愿意！赶快行动起来吧，改变你的心，就在这一刻！

第九章　当诱惑来袭：你的自律是否只是装装样子

　　人生之中，人们经常面对各种各样的诱惑，这些诱惑甚至是很邪恶的，让人偏离人生既定的轨迹，也使人生变得七零八落。在诱惑面前，拥有自律力的人，往往如同老僧入定，坚持自己做人的原则和准则，不为所动。而有些缺乏自律力的人，难免有些就坡下驴、顺水推舟，最终想要回头是岸，却发现自己已经距离岸边无比遥远了。

如何抵抗诱惑

　　自律除了表现为自尊、自重、自我约束之外，也表现为自爱。一个人如果不爱自己，是不可能拥有强大的自控力，控制自己，管理自己，最终让自己更加接近于成功和完美的。然而，每个人从客观外界既能感受到正面积极的力量，也会受到消极负面的影响。诸如很多邪恶的诱惑，就会把人不知不觉拖下水，使人对于人生的规划全盘落空，而成为诱惑的俘虏。

　　还记得在电视剧《人民的名义》中，那个一开始就被反贪局抓住的处长吗？他原本是从贫苦人家走出来的孩子，也没有那么大的胆子去贪污受贿。然而因为他所在的职位非常重要，所以导致那些有钱人为了贿赂他，总是用金钱来诱惑他。渐渐地，他经不住诱惑，终于把源源不断而来的钱都收入囊中。虽然归根结底他没有动受贿来的任何一分钱，但是他却坐实了贪污受贿的名义，也导致自己整个的人生和前途都被葬送了。不得不说，金钱对人的诱惑实在是太大了。很多身居高位的人能够抵挡住美色的诱惑，却无法抵挡住金钱的诱惑，这是因为金钱是每个人生活中的必需品，而且要想提升生活的质量，也必须以金钱作为支撑。当然，也有不为金钱所动的人，诸如电视剧《人民的名义》中的高书记，就被美色所诱惑，最终也蹚了浑水，失去了一世英名。

每个人心中都有软肋，也有能够让自己怦然心动的东西。而向诱惑降服，恰恰是人本能的劣根性，这样就把自律转移到与自己作斗争这个方面来，由此不难断定，抵制住诱惑就是要战胜自己虚弱的内心。所以归根结底，唯有拥有一颗强大的心，形成正确的人生观、世界观和价值观，我们才能成为顶天立地的人，绝不为任何诱惑所动。

自古以来，人们在形容男人坐怀不乱的时候，就说这个男人是坐怀不乱的柳下惠。的确，作为男人，有美女在怀而不为所动，真正是君子。而在形容男人爱慕美色、背信弃义时，又说这个男人是陈世美，这都是陈世美为了贪恋美色与权贵，抛弃了自己的结发妻子。这当然是男人的正反两面，其实不仅男人会遭受诱惑，女人同样会遭受各种诱惑。既然是人，就有劣根性，这正是诱惑能够见缝插针、屡屡得逞的原因。

现实生活中，诱惑随处可见，很多诱惑为了迷惑人们，消除人们的警惕心理，因而并不以诱惑的本来面目出现。它们把自己虚伪矫饰成各种形象，从而在不知不觉中就让意志力不坚定的人对它们缴械投降。对于每个人而言，除了金钱和美色之外，他们所渴望得到的东西，都会对他们形成强大的诱惑力。从这个角度而言，要想减轻诱惑的力量，首先应该减少自己的欲望。欲望越少，对我们构成诱惑的东西也就越少，自然我们的心也会更加安定。举个简单的例子，很多时髦的女性朋友都喜欢佩戴金银和珠宝首饰。那么，对于她们而言，金银和珠宝首饰就会构成极强的诱惑力，也使得她们为了得到内心的满足而不择手段。还有些年轻的女孩喜欢房子，喜欢豪车，那么房子和豪车也会让她们不择手段满足自己的欲望，当她们对于房子、车子的欲望非常强烈时，她们的抵抗力几乎为零。曾经有记者开着豪车停在美女云集的艺术学校门口，结果发现车子越好，前来搭讪的美女学生就越多。这样的社会现状让人感到痛心，也为所有人都敲响了警钟。当物质的欲望让大多数人都沦陷了，这个时代也变得卑微怯懦，失去了脊梁。

由此可见，要想抵制住诱惑，最重要的是构建正确的价值观导向。任何时候，我们都不能因为对物质的追求，而让自己的内心屈服。做人，总是要有原则和底线的，总是要自尊自爱，才能得到他人的尊重和真心的爱护。所以如今有很多美女在以各种方式选择和那些大富豪在一起之后，又会因为失去自我而感到万分沮丧。也许这正是人心理上的矛盾性吧，没有钱的时候为了钱不顾一切，有了衣食无忧的生活又奢望爱情。而归根结底，只要勤奋努力，一个人哪怕再贫穷，也可以改变自己的经济情况和生活现状。相反，如果一个人为了物质和金钱出卖自己的灵魂，变成了行尸走肉，那么她就会失去生存的欲望，甚至对人生毫无兴趣可言。这种精神上的死亡状态，才是人生中最可怕的。

现代社会，每个人都面临着各种各样的诱惑。然而，诱惑终究是可以抵制的。当我们有强大的内心，当我们不断地增强自己的意志力，当我们对于人生设定正确的目标和方向，当我们让自己对精神的追求更执着，我们能坚守自己的本心，哪怕在人生中饱经磨难和打击也绝不忘记初心，我们就会始终相信爱情，也相信人生，更加坚定不移地走好人生之路。

摒弃陋习，远离负面诱惑

一张纸如果在完好无损的情况下，你把纸向着两个方向分开，纸往往不会被撕裂，而表现出很大的韧性。然而，如果纸的一边有一个小小的破口，那么当你把纸再努力往两个方向分开的时候，纸就会在力道达到一定程度时一分为二，彻底分裂。同样的道理，一个鸡蛋在完好无损的情况下，哪怕被一个身强力壮的壮汉使劲地握住，也不会碎裂，而如果鸡蛋上有任何细微的地方出现裂纹，那么哪怕是柔弱的女子稍微用力握住鸡蛋，鸡蛋也会彻底碎裂。这是因为不管是那张纸还是那个鸡蛋，都如同大堤要决口一样，已经有了小小的豁口。每当遇到发洪水的日子，部队的官兵和民兵等日夜奋战，就是为了检查堤坝是否有绝提的危险。一旦发现堤坝上有任何地方有小小的洞，他们就马上修补，从而保证堤坝的安全。

其实，人的心理也是如此。一个人如果从未抽过烟，那么他知道抽烟是不好的，就不会轻易尝试抽烟。而一个人一旦抽了烟，就会放纵自己，安慰自己：反正我已经抽过一次了，那就再抽一次吧。等到抽了两次之后，他还会抽第三次、第四次……直到最终成为一个不折不扣的老烟民，以后再想戒掉抽烟的恶习，就很难了。所以人们常说，有再一再二，就有再三再四，而要想实现自律，就要绝对禁止。在一次都没有发生的情况下，人为了保证自己的记录始终是好的，反而拥有更强的自制力。

实际上，很多事情的发展都是一个循序渐进的过程，成功不是一蹴而就的，失败也不是一蹴而就的。任何情况下，对于不好的行为习惯，我们都不能对自己采取放任的态度，更不能给予自己任何机会去尝试。虽然决绝的态度并非用在每个地方都很合适，但是拒绝的态度用于坚决拒绝恶习和陋习，总能起到最好的作用。所以，有的时候我们要对自己狠一点，不要因为一时心软放松而闯下大祸，导致后患无穷。

当然，很多坏习惯的养成也是因为我们生存的环境中有负面的诱因存在。在这种情况下，除了坚决制止自己不要向怯懦的心理妥协之外，还要坚决远离那些负面的诱因。任何时候，我们都不要过于放大精神的力量，而要知道人的本性是有弱点的，唯有内外兼顾，我们才能最大限度实现自律。

孟子是战国时期鲁国人，他3岁的时候，父亲就去世了，因而母亲一个人含辛茹苦把孟子抚养长大。随着年岁渐渐增长，孟子的模仿能力越来越强。一开始，他和母亲居住在靠近坟地的地方，每当看到送葬的队伍，他就会学习别人哭丧。母亲觉得这样的成长环境对于孟子很不好，因而赶紧搬家，去集市附近生活。不承想，孟子整日接触市井之流，很快就煞有介事地开始模仿小商贩卖东西，还模仿屠夫杀猪呢。孟母对于这样的居住环境依然不满意，后来就把家搬到私塾旁边。果然，小小年纪的孟子也学习学生和老师的模样，开始摇头晃脑地读书了。母亲非常高兴，觉得孟子在这样的成长环境中一定能不断进步，知书达理，这才彻底定居下来。

这就是历史上著名的"孟母三迁"的故事。孟子之所以能成为圣人，与小时候母亲对他的引导和教育是分不开的，尤其是良好的生活环境，更是让孟子走上正道，不断进步。实际上，搬家的时候孟子还小，无法理解母亲的苦心，而母亲之所以不辞劳苦地搬来搬去，就是帮助孟子清除生活环境中消极负面的诱惑因素。这对于孟子的成长是很重要的。

那么，我们要想实现自律，也应该消除生存环境里的负面诱惑因素。诸如作为学生，要想学好，我们就要与学习的同学多多交往，而远离那些整日无所事事的社会上的小混子。否则，我们就会被小混子教坏，越来越没有心思学习。工作之后，我们也要与拥有正能量的人相处，从而吸取正能量，对待工作也更加认真勤奋，而要避免受到他人的消极影响，更不要对工作三心二意。当然，对于孩子而言，需要靠父母为自己清除消极诱惑因素，而等到长大成人之后，我们开始主宰人生，要想拥有自律力，就是自己清除身边的消极诱惑因素，从而让自己摒弃恶习，在诱惑面前毫不动摇，坚持做最好的自己。

人生，就是每一天的"重复"

有人说人生是很漫长的，漫长得简直看不到头；也有人说人生如同白驹过隙，转瞬即逝，一眨眼就从幼年到暮年，甚至来不及好好规划。拥有这两种态度的人，无疑都虚度了人生，也没有好好把握人生。当觉得人生漫长，百无聊赖，可想而知，他们对待人们的态度也必然是消极沮丧的。而当觉得人生转瞬即逝，甚至来不及规划，可想而知，他们的人生中也有很多遗憾和尚未完成的心愿。前一种人生太漫长，后一种人生太匆匆，都没有把握好合适的节奏。

真正从容的人生，既不要过得太快，也不要过得太慢，既富有节奏地往前发展，让我们来得及规划，也能从容实现自己对于人生的规划。很多人都不知道如何才能尽情享受人生，才能真正操控和把握人生，实际上，人生就是每一天的重复。如果你觉得人生空虚，那么不要想如何才能让自己的一生没有空隙，充实度过，你唯一需要做的就是充实度过当下的每一个今天。而当无数个充实的今天汇聚成你的人生，你的人生自然也就充实起来。如果你抱怨人生痛苦，缺少快乐，那么只要以此类推，保证自己的人生在当时当刻是幸福快乐的，无数的点滴幸福与快乐汇聚在一起，你的人生就会幸福感爆棚。人生并不复杂，只是日复一日的重复。当然，这样的重复不应该是完全相同的，而是应该每一天都比每一天有所进步。

现实生活中，大部分人都擅长比较。诸如父母会把自己孩子的成绩与班级里出类拔萃孩子的成绩进行比较。殊不知，这样的比较非但无法促使孩子更加努力，反而会导致孩子自暴自弃。孩子对于学习的天赋从来不是相同的，你只需要把孩子的今天与他的昨天相比较，只要有进步，就是巨大的成功。有人说，人生是螺旋式上升，意思是说人生从起点出发之后，经过迂回曲折的进步，会在某一个时间点又回到高于起点的地方。这是完全符合事物发展规律的，因而事物很少呈现线性发展，而是这样迂回前进，不断发展。因而我们对于人生的重复决不能是数十年如一日的，而要是不断地螺旋式上升，最终实现进步。

朋友们，不要把人生理解成简单的重复。每一个今天的你，都与昨天的你有所不同，每一个明天的你，又都与今天的你有所不同。毫无疑问，没有人能够一蹴而就获得成功，哪怕是量变，也要达到一定的程度后才能实现质的飞跃。所以在人生之中，我们在不断"重复"每一天的过程中都要坚持进步，这样才能循序渐进，最终成就最好的自己。

看到这里，也许有些读者朋友会觉得这篇文章未免太消极了，难道就是教人数十年如一日吗？当然不是。如果换一个说法，就像前文案例中那个牧师的儿子一样先拼凑人头像，那么我们就可以说：你此刻过的每一天，决定了你的人生。这样想来，是不是感到积极的气息扑面而来？每个人在人生之中都不能偷懒，对于人生的每一天都不能懈怠，因为每一天都是组成你生命的材料，都要对自己的人生起到积极的推动作用和决定作用。既然如此，你还有何理由安慰自己今日不努力呢？

你如何过一天，就会如何度过自己漫长的一生，所以再也不要觉得今天是无关紧要的，再也不要把那些重要的改变拖延到明天才开始。如果你不能把握住今天，你未来的人生将会非常被动，而且也没有任何成就。因为浪费了无数个今天的你，已经彻底错过了人生。看到这里，相信你一定会惊出一身冷汗。早晨，你还会贪恋温暖的被窝，而不愿意起床锻炼身体吗？夜晚，你还会不停地刷新朋友圈，而白白浪费自己的休息时间吗？要想改变命运，掌控人生，你就必须从此刻开始，一分一秒都不要浪费，马上改变自己。

大学毕业后，乔乔回到家乡小县城当了一名老师，而静静则背起行囊，去了大城市打拼。几年之后，静静的生活发生了翻天覆地的变化，而乔乔的人生却依然在原地踏步。她每天都是家里、教室和办公室"三点一线"，过着重复的生活。渐渐地，她曾经的青春热血和斗志全都消失了。在和静静一起聚会时，乔乔沮丧地说："我现在的生活，一眼看到死，真后悔当初没有和你一起去大城市打拼。"静静看着乔乔，认真地说："现在开始也不晚，但是再等个十年八年，就真的晚了。你要痛下决心。"乔乔很无奈，说："我已经习惯了这样的生活，按部就班，没有压力，也没有活力。"静静郑重其事地警告乔乔："我们是好朋友，我才要告诉你，督促你。你要记住，你如今怎样度过一天的生活，你未来就怎样度过一生，难道你真的想让今日的轻松悠闲成为一生的噩梦吗？"静静的这句话让乔乔惊出一身冷汗，她不停地在心中琢磨着：你如今怎样度过一天的生活，你未来就怎样度过一生。乔乔过着一眼看到死的生活都不怕，却真的不愿意自己会以今天的生活定型一生。

痛定思痛，她辞掉了工作，也去投奔静静了。从此之后，静静和乔乔一起在大城市里打拼，彼此互相照应。后来，她们双双在大城市里安家，都过上了自己梦寐以求的生活。

正如案例中的静静所说，我们过的不是一眼看到死的生活，而是正在以今日的生活，定型自己的一生。这样换个角度来想，你还愿意继续浑浑噩噩下去，白白浪费自己宝贵的生命吗？当然，每个人对于自己的人生都有不同的追求，我们并不是说安稳的生活不好，而是说当你志向远大的时候，就不要安守本分。毕竟每个人年轻的岁月非常短暂，如果在年轻的时候不放手一搏，为了自己的理想和梦想奋斗，我们要青春又有何用呢？从这个角度而言，面对安逸的诱惑，我们最需要做的就是打破内心的懈怠。

人人都是贪图安逸和享受的，没有人愿意冒险，然而人生注定了要冒险。面对安逸的诱惑和安乐窝的禁锢，作为年轻人，我们一定要理智思考，果断地从这样温柔的禁锢中摆脱出来，从而让自己的人生展翅翱翔。任何情况下，我们都要记住，只有强大的内心，才能为我们提供最有利的支撑，否则任何外界的力量都会导致我们在现实面前妥协。

很多人衡量是否做一件事情，都奢求有利可图。实际上，功利心很多时候并非坏事情，至少能让我们更加客观衡量事情的利弊，从而作出明智的选择和果断的决定。人生的功利心，让我们不断地永攀人生高峰，绝不姑息自己贪图安逸和享受，对于我们的生命是有很大的促进和激励作用的。记住，远离一眼就看到死的生活，从现在开始把握你的每一个今天，定型你想要的人生。

鱼与熊掌不可兼得也

相信早在初中时期，每个人就背熟了这句话——"鱼，我所欲也，熊掌，亦我所欲也，鱼与熊掌不可兼得也。"这是初中语文的一篇课文，曾经让很多学生都深受启发。然而直到长大走入社会，我们依然无法真正明白和理解这句话。很多人都有选择恐惧症，最根本的原因就是他们太贪心，既想得到这一样，又想得到那一样，最终只能在两种选择中犹豫不决，进退两难。

现实生活中，几乎每个人每天都要面临各种各样的选择，因而有人说人生就是一个不断犯错并且改正的过程，而有人说人生就是一个不断选择的过程。这两种说法都很有道理，因为犯错与选择之间也呈现出联系，而并非是完全孤立的。错误的选择就是犯错，正确的选择才能给人生加分。所以每个人都像赌徒，既然不能明确地预知未来，就要决绝地赌一把。

细细想来，虽然很多人对于人生感到无奈，而人生如今的样子恰恰是他们环环相扣的选择决定的。除了父母和孩子不能选择以外，其他的都是我们自己作出的选择，既然如此，我们还有什么抱怨的呢？与其因为犹豫不决错过最佳选择，不如以强大的自律力量告诉自己现实的情况，然后迫使自己作出最合理的选择。诸如一个女孩面对两个追求者，一个追求者经济实力很强，有房有车，而另一个追求者最合女孩的心思，也能给女孩幸福的感觉。原本，这个选择是显而易见的，毕竟每个人都要忠于爱情，然而在物欲横流而且人们越来越重视物质的现代社会，也许有相当数量的女孩会选择前者。可以说，如今能够坚定不移地选择爱情，而与所爱的人一起努力拼搏的人越来越少了。然而，选择一旦作出，就很难改变。例如，女孩选择嫁给了物质，就不要奢望自己还能拥有完美的爱情。造物主总是公平的，它不会把所有值得珍惜的东西都给一个人。

人的自律体现在很多方面，尤其表现在面对选择时的坚定不移。一个人如果欲望太多，贪心太大，就很难作出选择。因为选择从本质上来说，是只能拥有某一件东西，而必须放弃其他所有的东西。可想而知，当受到欲望的诱惑，人们怎么愿意只拥有掌心里少少的一部分，而失去整个世界呢！遗憾的是，有些选择是必须作出的，不能逃避，也不能回避，只能勇敢面对，果断抉择。这就像是造物主对人的严酷考验，它明明知道人们很难取舍，却偏偏逼着人们取舍。而且不管是对待感情、亲情、爱情，还是面对学业、工作，这样的选择从未停止过。

大学毕业后，家里经济条件很好的马克没有马上四处找工作，而是想参加半年的培训，提升自己的计算机水平，他坚信这样能让他未来找到更好的工作。看到马克这么勤奋好学，父母都很支持他。就这样，马克报名参加了计算机培训班，开始努力学习计算机。

然而，就在计算机学习还有一个月结束时，马克突然得知他一直心仪的那家公司正在大规模招聘，而马克恰巧在各方面都很符合那家公司的要求。为此，马克很犹豫，因为他的计算机培训还有一个月就要结束了，而如果他此时去应聘，就会错过计算机培训结业。而如果他不去面试，又会因此错过这个千载难逢的好机会。马克非常犹豫，他很清楚自己哪怕拿到计算机结业证书，也未必能够再遇到这样的好机会了。为此，他向爸爸求助，爸爸问马克："那么，你之前之所以参加计算机培训，目的是什么呢？"马克突然间明白了，他当即开始准备参加应聘的事宜，最终一举成功，得到了自己心仪的工作，马克又利用工作之余的时间完成了计算机培训，可谓一举两得。

　　马克既想顺利结束计算机培训，又想参加应聘，得到自己心仪已久的工作。面对这两个使他进退两难的诱惑，他甚至忘记了自己的初心，那就是他最初决定参加计算机培训，正是为了给自己找到一份理想的工作。爸爸的提问让马克意识到自己的问题所在，所以他当机立断作出取舍，从而果断参加应聘，为自己争取千载难逢的好工作。不得不说，马克作出了明智的选择。

　　很多人在面临诱惑的时候，都缺乏决断力，这是因为他们的心太贪婪，总想尽量得到更多，也拥有更多。越是面对欲望的诱惑，我们越要自律，提升自律力，从而让自己明智果断权衡利弊，也作出选择，才能抓住那些转瞬即逝的好机会，成就自己。否则，哪怕想得再多，除了会导致错失良机之外，其实答案在最初就已经显而易见了。朋友们，从现在开始，让自己变得果断，更要牢记初心。这样在面对诱惑的时候才能理智抉择，也勇敢选择。

抗拒诱惑，成就最好的自己

　　每个人在人生之中都会遇到各种各样的诱惑，例如，在每一个寒冷的早晨，温暖的被窝是诱惑；在饥饿的时候，美味的食物是诱惑；在内心惶恐不安的时候，他人给予的安全感是诱惑；在飘雪的日子，温暖的火炉是诱惑……这些，都是生活中小小的温暖和可爱的诱惑。也有一些诱惑带着邪恶，甚至是能够毁灭一个人的，所以要引起足够的重视，更要坚决抵制。诸如一个财务人员面对公司里的大量现金，而他恰恰又在四处筹集资金买房。可想而知，如果他管不住自己的手和贪婪的心，那么他就会从此陷入诱惑的深渊无法自拔。还有的女孩是典型的拜金女，因而崇拜所谓的房子、车子、名牌的服装和包包，最终背弃了爱情，以自己的青春换来物质的享受。而等到她们对于物质已经麻木，未免又觉得人生乏味，生活丝毫没有奔头，在这种情况下，她们不由得又奢望起爱情来，却不知道爱情已经渐渐走远，一去不复返。

人生之中，实在有太多的诱惑，其中有很多诱惑都在挑战做人的底线，也在挑衅人本能的劣根性。面对这些诱惑，我们一定要努力成就自己，而不要对自己放任自流。要记住，没有人是生而完美的，一个人正是通过自律不断地改变和完善自己，才趋于完美，也才能让自己变得越来越强大，足以支撑起整个人生。

如果一个人缺乏自控力，也没有自律力，那么他的人生将会一事无成。每个人的本能都是趋利避害的，人人都奢望轻松自在的生活，而不愿意被约束。倘若真的放纵自己，那么就会让人生歇斯底里、无所顾忌。记得曾经有位名人说过，人的心中还是要有信仰，也有所敬畏的。假如一个人觉得对自己毒品很好奇，就去吸毒，虽然抱着试试看的心态，最终也会无法收场。假如作为财务工作者监守自盗，那么他们的欲望就会无限扩大，也导致他们最终成为欲望的奴隶，无法掌控欲望。

中国古代的先哲，有人主张"人之初，性本善"，有人主张"人之初，性本恶"。其实，人生而有很多不足，人生也有劣根性，在逐渐成长的过程中，不管是被外界的力量驱动，还是被内部的力量驱动，人都在循序渐进改变自己，从而让自己日趋完美。从这个角度而言，自控力与自律力其实是有本质区别的。首先，自控力是控制自己不做出格的事情，而自律力则会让自己发生好的改变，一方面改掉坏习惯和陋习，另一方面也不断地形成好习惯，让自己变得更完美。所以说，拥有自律力的人对于人生更主动，而只有自控力的人则显得被动许多。

本科毕业的时候，艾米有一个很好的工作机会，是她爸爸的老战友帮忙联系的，在一家行业老大的金融公司里工作。这份工作与艾米所学的专业对口，而且公司也有很大的发展前景，因而是艾米的所有同学都求之不得的。然而，艾米的志向并不在此，她想继续深造，考研，出国，然后去举世闻名的华尔街工作。对此，爸爸妈妈都劝说艾米："过了这个村就没有这个店了，这是多少人梦寐以求的好机会啊，错过了太可惜。而且爸爸妈妈就你这一个宝贝女儿，你去华尔街了，我们怎么办呢？最糟糕的是，如果你错过了这个机会，最终又没有如愿以偿去华尔街，那岂不是损失大了吗？"艾米当然知道爸爸妈妈说得有道理，也知道自己未必能够完全实现人生的规划，但是她不愿意就这样向人生妥协，她要展翅高飞。

最终，对于爸妈描绘的美好前景，艾米果断放弃，而强迫自己一定要继续奋斗，不断向前，走上世界的大舞台。就这样，艾米竭尽全力地考研，最终实现了人生的梦想。几年之后，当她真正站在华尔街，成为不折不扣的金融女精英时，她很庆幸自己当年没有被岁月静好的人生诱惑，所以才能达到人生如今的崭新高度。

面对人人都羡慕的工作和美好的人生，艾米坚定不移地放弃了，最终奔向未知的未来。不得不说，艾米有超强的自律力，因而能够主宰自己的命运，不愿意随便就放弃自己对于人生的规划。岁月静好固然好，然而燕雀安知鸿鹄之志，每个人都有属于自己的理想和志向。当确定了人生目标和方向，我们就要像案例中的艾米一样坚定不移地风雨前行，从而给自己的人生一个圆满的交代和结局。

当然，因为每个人对于人生的渴望是各不相同的，所以即使是相同的东西，对于不同的人产生的诱惑力也是截然不同的。每个人都要从自己的现实情况出发，有的放矢抵抗诱惑，从而让自己在人生之中收获更多，也如愿以偿获得幸福和快乐。

第十章 当惰性占了上风：你努力的样子真好看

懒惰是人的本能之一，而且很难战胜。人们常说，好吃莫若饺子，舒服莫若躺着，如果换作一个懒惰的人来诠释懒惰，他们一定会躺着吃饺子，根本不愿意尝试任何其他事物，或者采取躺着之外的其他姿势。虽然懒惰理所当然存在，但是当一个人真正被困于懒惰，他就会陷入人生的困境无法自拔。所以哪怕懒惰无可指责，我们也要让自己坚持努力。唯有如此，我们才能以自律力战胜懒惰，也给自己的人生搭建更好的平台。

相信自己，你一定能战胜懒惰

尽管人人都知道懒惰不好，然而在内心深处，几乎每个人都希望为自己找到可以冠冕堂皇懒惰的理由和借口。这是因为懒惰是人的本能，唯一的区别在于，有的人是故意懒惰，有的人根本没有意识到自己很懒惰。那么懒惰在日常生活中有什么表现呢？例如早晨起床，你明明知道自己再眷恋温暖的被窝就会迟到了，但你就是不想起来。再如，晚上睡觉之前，你一个小时之前就知道自己应该去洗漱，但是你就是窝在沙发里不想动弹。大多数懒惰的人都是拖延症晚期，已经到了不拖延不成活的地步。也正因为如此，他们的懒惰才会变本加厉，愈演愈烈。那么，到底怎样才能战胜懒惰，让自己变得精明干练、精神抖擞呢？

　　细心的朋友会发现，生活中有些人每天都像是打了鸡血一样，一直不停地奋斗，整日精力充沛，似乎他们是机器人，只要经过一晚上的充电，前一日的疲劳就会马上消除。实际上，他们也是人，并非无所不能的神仙，他们也会感到劳累，也常常在深度的睡眠中不愿意被闹钟吵醒。然而，他们更清楚自己的人生目标，也不断地激励自己向着目标前进，这样他们才能战胜惰性，从而让自己表现出精明强干的一面。而有些人与他们恰恰相反，他们不愿意委屈自己，而是凡事都遵从自己的本性，最终变得越来越懒散，甚至彻底成为懒惰的俘虏。不得不说，人生一旦成为惰性的俘虏，就注定了一事无成，毕竟对于一个连起床都困难的人而言，我们能奢望他们做出什么伟大的事情来呢？！

　　过着浑浑噩噩的日子，每天丝毫不想付出，而只想得到回报，内心充满了不切实际的幻想，只是想一想，这样的生活就使人感到绝望。人生，绝不是用来懈怠的，混吃等死的人生不如从未来过，而每个人的首要任务就是战胜懒惰，让自己加快速度。除了无限拖延之外，懒惰的人做事情的效率也非常低。职场人士都知道，如今效率成为判断一个人工作能力和真实水平的标准，如果一个人总是效率低下，那么注定了他在工作上平淡无奇。换言之，一个效率很高的人，哪怕每天只工作6个小时，也能够出成绩。而一个效率很低的人，哪怕一天之中抽出10个小时的时间用于工作，也很难见到成效。所以，高明的管理者不再希望员工如同老黄牛一样每天只知道埋头苦干，而是希望员工能够努力提升工作效率，从而及时高效地完成工作，也给自己更多的时间休息，从而养精蓄锐，为可持续性发展奠定良好基础。而如果一位员工还没怎么努力，就已经累得筋疲力尽，那么不得不说这样的员工总是发展乏力的，也不会有太好的工作表现。

其实，不仅成人因为疲惫表现出懒惰，如今在孩子之中，懒惰的现象也非常严重。很多孩子在学习上养成拖延的坏习惯，每天晚上都要等到睡觉前才能仓促完成作业，长此以往不但孩子的学习习惯很差，而且也会导致孩子做作业的时候效率低下。需要注意的是，效率低下绝不只是速度慢，而且也指学习效率降低，正确率同时降低。所以很多父母与其一味地盯着孩子的学习，不如努力引导孩子养成良好的学习习惯。正所谓授人以鱼不如授人以渔，这样孩子才能在学习上取得长久的进步，远远比某一次考试考得好更有效率、更实用。

当然，不论是说成人也好，孩子也罢，仅仅依靠他人的提醒和督促来改掉懒惰的坏习惯，是不可能的。既然懒惰的习惯是人的本能之一，要想彻底戒除懒惰，当然也就要从我们自身出发，才能取得效果。除了天生懒惰之外，后天导致的懒惰原因很多。首先，要想让自己变得勤奋，就要避免给自己设立过于远大的目标，也就是我们日常所说的长期目标。否则，如果目标遥遥无期，一切的努力都如同石沉大海，那么我们如何才能得到鼓励和激励，从而再接再厉呢？所以，明智的人既会给自己设立长期目标，也会恰到好处为自己设定短期目标，从而让自己在不断完成短期目标的过程中得到激励，也更加充满力量奋勇向前。

其次，大多数懒惰的人都很自卑，要想帮助他们消除懒惰，还要积极地帮助他们树立自信。一个自信满满的人，很少把该做的事情拖延下去，从而导致自己陷入被动。反之，他们相信自己能够处理好很多事情，因而总是积极地完成那些事情，也使得自己的表现更加可圈可点，也得到他人的认可和肯定。

再次，很多人之所以懒惰，是因为他们只会空想，而不能及时把想法转化为切实有效的行动。尤其是在杞人忧天的情况下，他们更是怀疑自己能否取得预期的圆满结果，也就导致自己不断拖延，最终根本提不起兴致真正去展开行动。治疗这种类型的懒惰，断绝自己的退路。

最后，克服懒惰也是一个循序渐进的过程。我们哪怕对于懒惰深恶痛绝，也要给自己时间渐渐地戒除懒惰。最开始的时候，可以为自己安排一些力所能及的小任务，这样当完成任务之后，就会获得成就感，从而激励自己在下一次完成任务的过程中表现更好。不管是帮助自己还是督促他人戒除懒惰，我们都要发挥赞美的力量，从而让克服懒惰的效果更好。

总而言之，对于渴望成功的人生而言，懒惰是必须清除的障碍，否则就会导致我们的人生发展受到阻碍。也因为每个人的脾气秉性不同，所以适用的戒除懒惰的方法也不尽相同。正如一位伟人所说的，不管是白猫黑猫，只要能抓住老鼠，就是好猫。我们也要说，不管采取怎样的方法，只要能戒除懒惰，就是好方法。所以，朋友们，从现在就展开行动，当机立断以最有效的方式让自己和懒惰说拜拜吧！

比你优秀的人都不怕累

现实生活中，很多朋友都对现状不满意，不喜欢自己的工作，觉得太辛苦而所得又少，也不满意自己的爱人，觉得虽然脾气好但是没能力，更不满意自己的孩子，觉得虽然乖巧却缺乏霸气……不得不说，并非是现实不如你的意，而是你要求太高、奢求太多，却从未想过自己到底付出了多少。拥有轻松悠闲工作的你羡慕拿高薪的人，却不知道那些高薪者几乎没有休闲的时间，每时每刻都扑在工作上；相貌平平、资质平庸的你觉得爱人不够完美，却不想想如果对方是个钻石王老五，是否还会选择你；看到别人家的孩子满眼羡慕的你，可曾留意到别人家的父母几乎付出了所有的休息时间陪伴孩子成长，而你只是一味地打游戏，玩手机，甚至不愿意抬起头来和孩子说一句话……常言道，一分付出一分收获，虽然这句话未必是真理，但是如果没有付出，绝对是不可能有回报的。

你只看到大多数人都比你运气好，得到了更多，却没有看到比你优秀的他们一直比你更努力，而且从来不会叫苦叫累。而你呢，资质平庸，学历一般，就连长相也是混入人堆里就找不出来的，还有什么资格不努力拼搏和奋斗呢？如果你能把一直以来用于抱怨和叫苦叫累的时间都用来奋斗，你也许会发现一分耕耘一分收获的道理。尤其是现代社会发展速度很快，人生如同逆水行舟，不进则退。在这种情况下，我们稍有懈怠，就会被时代的洪流远远甩下，根本无法保持进步的姿态。所以朋友们，不要再废话了，你该做的是，比那些比你优秀的人更努力，而且只求付出，不问回报。当你无欲无求全心全意地付出时，也许就会迎来人生的收获季节，也会得到很多喜出望外的惊喜。

前文说过，如果我们每天都多做一点点，那么日久天长，我们就会比别人领先一大截。同样的道理，假如我们拥有自律力，督促自己加快一些速度，那么也就能够提高自身的竞争力，从而让自己在这个时代站稳脚跟，屹立不倒。否则，在流行末位淘汰制的现代职场，你的位置就会变得岌岌可危，也随时随地都有可能被他人取代。比起那些更优秀的人，每天多做一点点，每天都把自己的速度再提升一点点，不久的将来，你会惊讶地发现自己已经超越他们，也收获了很多。

在黎明前的黑暗中，无数凶猛的动物都坚持守护在自己的地盘上，等着辽阔无边的非洲大草原从睡梦中醒来。它们也在熟睡，借此机会休养生息，只等黎明到来时捕获猎物。当清晨的第一缕阳光穿透薄雾，照射在草原上，一只羚羊突然警觉地醒来，而且马上撒开四蹄开始奔跑。它一边竭尽全力地跑着一边暗暗感到后怕："假如再慢一点点，我也许就会葬身老虎的肚子了！"这样想着，它翻腾跳跃，奔向太阳升起的东方。与此同时，一只老虎也睡眼惺忪地张开眼睛。

强烈的饥饿感袭来，老虎暗暗告诉自己："我必须加快速度奔跑，否则肥美的羚羊就会在我眼前消失。"这么想着，它也撒开四爪，奔向太阳升起的东方。不得不说，在黎明薄雾中的大草原虽然看上去一片静谧，实际上却危机四伏。每一只处于食物链上的动物，都必须遵循弱肉强食的规则，才能保证自己活下来。

其实，不仅非洲大草原上的生存竞争如此激烈，在人类社会中，同样也是弱肉强食、环环相扣。尤其是现代职场，人才辈出，每年都有数不清的大学生毕业加入就业大军。如果说以前大学学历还有一些含金量，那么如今的大学学历已经沦为最普通不过的敲门砖，还有很多硕士毕业生都找不到心仪的工作！在各个人才都实力相当的情况下，要想先人一步，占据优势，我们只能提升自己的速度，让自己更快、更强。

有些人很厌恶竞争，只想整个社会都歌舞升平，一片和乐。殊不知，这只是最美好的愿望而已。正所谓理想很丰满，现实很骨感。每个人要想在骨感的现实中求生存，速度已经成为关键。很多军事家都认可兵贵神速的道理，也知道必须先下手为强，其实这些道理不仅仅适用于战场，也同样适用于商场中的搏斗。尤其是如今信息大爆炸，很多信息几乎在分秒之间就能传递到很大的范围，所以谁拥有信息，谁掌握资源，谁速度更快，谁胜算的把握就最大。

当然，需要注意的是，既然是竞争，总是有对手的。我们的对手，就是那些比我们优秀而且也比我们更努力的人。不得不说，在我们提速的同时，他们也在提速。所以我们的速度不仅仅是绝对速度，更应该成为占据优势的相对速度，才能在竞争中取胜。要想做到这一切，我们就要不断地以自律战胜自身的惰性，从而让自己"笨鸟先飞"，以速度取胜，后来居上。

不可否认，每个人都是有惰性的，所以当自己或者他人表现出惰性时，也无须过于指责。最重要的是以自律力战胜惰性，也以速度在竞争中取胜，这才是我们每个人的终极目标。

拼尽全力，你才有资格抱怨命运

很多人抱怨命运不公，羡慕那些拥有好运气的人，总是毫不费力就能收获更多。事实真的是这样吗？其实不然。很多时候，我们的眼睛只盯着别人收获，却完全忽略了别人在收获之前已经付出了长久的努力，更是吃尽了苦头，才迎来幸福的时刻。因而不要盲目地羡慕他人，也不要总是抱怨自己运气不好，正如人们常说的，好机会永远只属于那些时刻做好准备抓住机会的人，那么你要问自己，你是否随时准备着抓住千载难逢的好机会呢？如果你没有，那就不要抱怨命运没有给你机会。

对于成功，很多人都进入一个误区，觉得成功只属于命运青睐的人。实际上大多数成功者非但没有得到命运的偏爱，反而在人生之中比常人吃了更多的苦头，也经历了更多的磨难和坎坷。而他们之所以能够成功，是因为他们在身处绝境时，始终坚持拼尽全力，而从未放弃过。对于那些遇到小小的困难就打退堂鼓的人，难道还有资格抱怨命运不公，偏爱成功者吗？当你作为生命的主宰已经放弃了努力，哪怕造物主再想帮助你，成全你，只怕也无能为力。

很久以前，有一位牧师虔诚地信奉上帝，几乎每天都在向上帝祈祷。有　天，山洪暴发，洪水很快涌入村子里。眼看情况危急，大多数村民都仓皇出逃，而牧师却跪在上帝的雕像面前全心全意地祈祷。一位警察骑着摩托车经过教堂的门口，招呼牧师："快点上车，我带你走，洪水会越来越深的！"牧师摇摇头，不愿意和警察一起离开，而是告诉警察："上帝不会抛下我的，你走吧！"警察看到牧师如此顽固，只好离开了。

很快，洪水就淹没了牧师的大半个身体，到达牧师的胸口。这个时候，有一条搜救的小艇经过教堂外面，救生员呼唤牧师："快走吧，再不走就来不及啦！"牧师依然拒绝了，他坚信上帝会来救他。洪水汹涌澎湃，牧师感受到死亡的威胁，但他还是坚信上帝会来救他，因而爬到教堂顶部躲避洪水。这时，一架直升机发现了牧师，并且放下扶梯给牧师求生，牧师依然放弃了。他全心全意地祈祷，希望上帝来救他。然而，最终牧师被淹死了。

牧师的灵魂来到天堂，刚刚见到上帝，他就质问上帝："上帝呀，我对您忠心耿耿，您为何不救我于水火呢？"上帝无奈地苦笑着说："我先后派了摩托车、小艇和直升机去救你，但是你总是拒绝，我又有什么办法呢？"

的确，作为遇难者，牧师求生的愿望尽管强烈，却一而再、再而三地错过求生的机会，所以哪怕是无所不能的上帝也救不了他。从这个小故事我们不难看出，命运安排的一切未必会以我们期望的方式出现，而我们必须在任何情况下都拼尽全力，才有资格抱怨命运。否则我们就像牧师一样一次又一次拒绝命运的好意，还有什么资格埋怨命运遗忘我们呢？记住，好运气随时都有可能到来，而我们要做的就是做好充分的准备，抓住千载难逢的好机会，成功地改变人生。

曾经有心理学家经过研究发现，人的潜力是无穷的。就连大名鼎鼎的发明家爱迪生，一生之中也只发掘和使用了自己10%的潜能。所以，朋友们，我们完全无须担心自己会因为不能承受而放弃，要相信，你远远你比想象中更加坚强。而对于每个人而言，唤醒自身潜能的唯一方式，就是拼尽全力，不到成功的那一刻绝不放弃。

尤其是现代社会，竞争如此激烈，一个人如果总是满足于现状，而且吝啬自己的力气，不愿意去拼搏，那么他早晚有一天会被时代抛弃，也就根本无法实现自己人生的价值。从本质上而言，我们哪怕拼尽全力也未必能取得好的结果，但是如果我们不努力，我们就根本没有机会获得成功。所以明智的朋友总是拼尽全力面对人生，也时刻严格自律，要求自己不能有丝毫的疏忽和懈怠。正所谓"路遥知马力，日久见人心"，在与命运的拔河比赛中，我们一定要坚信自己能赢！

年轻的你，就该走在奋斗的道路上

如今，很多年轻人因为是独生子女，所以从小就接受父母无微不至的照顾和关爱，也因而习惯了享受，而不愿意奋斗。不得不说，这也是懒惰在作怪，更是错误的生活习惯让他们误入人生的歧途。每一个年轻人都应该知道，人生道路漫长，父母哪怕再爱我们，也不可能一直陪伴在我们的身边，与我们度过一辈子。所以等到父母老去，我们终究要长大，要学会独立撑起人生的天空，还要承担起照顾父母的重任。在这种情况下，我们当然要趁着年轻努力奋斗，而不要一味地贪图享受。正如一位名人所说，不吃苦，不奋斗，你要青春做什么。

的确，每个人的青春都不是用来享受的，都不能虚度。唯有在该吃苦的年纪吃苦，在该奋斗的年纪奋斗，我们才能在该享受的年纪有资格享受。否则，一旦我们本末倒置，那么必然先甜后苦，而等到垂垂暮年，只怕再奋斗也完全晚了。

人生的脚步很快，嘀嘀嗒嗒不停地向前。在人生的道路上，每个人都会品味各种各样的滋味。正因为如此，有人才形容人生是众生百态、五味杂陈。不可否认，在人生的诸多滋味中，我们总是希望品尝到幸福甜蜜的味道，而不愿意品尝苦涩。然而，苦从来不仅仅是一种简单的味道，更是人生的永恒课题。谁的人生不吃苦呢？可以说，这个世界上从来没有不吃苦的人生。所以一个人只有先学会吃苦，才有资格品味甘甜。也许甘甜之于人生，就像糖衣之于药片，只是给人心理安慰罢了，不管是药片还是人生，本质上都是苦的，涩的。因而人生无处可逃，年轻人就该走在奋斗的道路上，迎着人生的各种味道奋勇向前，绝不退缩。

作为年轻人，更应该战胜懒惰的本能，要相信天道酬勤，要相信奋斗总会有收获。尤其是如今的社会上，很多"富二代"含着金汤匙出生，出生的起点就比其他人奋斗一辈子的终点都高。而我们，恰恰是那个其他人，在这种情况下，难道我们就彻底放弃努力和奋斗了吗？当然不是。作为真正的人生强者，我们反而要更加努力。既然我们没有"富一代"的爸爸，既然我们想实现梦想，那么我们只能更加努力奋斗，从而为自己的人生创造更多的可能性。

人生，不到最后一刻，谁也不知道自己的人生会走到哪一个阶段，成为什么样子。既然如此，我们就要坚持不懈，正所谓笑到最后的人才是笑得最好的人，不管是否笑得最好，我们都要笑到最后，这才是我们可以把握的人生。

作为"四大天王"之一，其实刘德华并非独具天赋。相反，他刚出道的时候不管是在唱歌方面还是在演戏方面，都表现平平，丝毫没有独到之处。然而，刘德华有着不肯服输的精神，越是在遭遇坎坷挫折的时候，越是以勤奋坚持奋斗，最终才能出人头地，成为蜚声歌坛和影视几十年的超级巨星。

刘德华17岁初入娱乐圈，从跑龙套开始，凭着自己的能力摸爬滚打，坚持奋斗。刚开始走上舞台时，刘德华的歌声得到的只有喝倒彩的声音。对此，他毫不气馁，哪怕被专业人士评价为没有任何唱歌的天赋，他也不畏缩。他告诉自己："有天赋的人一个小时能做好的事情，我既然没有天赋，就要花费三个小时去做。多花点时间没关系，只要把事情做好就好。"相信很多朋友还记得刘德华的《笨小孩》，实际上那就是刘德华曾经的真实写照。最终，刘德华以顽强的毅力战胜了自己，成为演艺圈里的超级巨星，几十年来依然红红火火，长盛不衰，这与他坚强不屈、持续努力的精神是密不可分的。

即使是作为笨小孩，刘德华也能成为一代"天王"，那么你在做很多事情的时候，是否也能有这样的信心和勇气呢？如果没有，那么从现在开始就努力吧，还为时不晚。记住，成功只属于挥洒汗水的人。就像农民在土地里耕耘，如果始终吝惜汗水，不愿意付出任何辛劳，那么种子是不会自己成长的。

记住，没有任何收获是平白无故得到的，尤其是人人都想获得的成功，更是来之不易。作为年轻人，我们一定要战胜懒惰的本能，勤奋刻苦。勤奋是人生的第一堂必修课，婴儿不勤于练习就无法学会翻身，也不能学会走路和说话，由此可见，人生中点点滴滴的成功，都离不开持之以恒的付出和努力。正如一首歌唱的，没有人能随随便便成功，那么就让我们拼尽全力赢得成功吧！

永远保持积极上进的心

没有任何人拥有人生的永动机，每时每刻都充满强劲的动力。实际上，人的力量是有限的，也许前一刻还在充满热情地发誓要把某件事情做好，后一刻就如同泄了气的皮球一样再也没有任何动力。为何会这样呢？归根结底，人生需要进取心的支撑，才能不断奋勇向前。否则，一旦一个人发自内心放弃在人生中努力拼搏，他就会彻底被卷入失败之中。

那么，什么叫进取心呢？简言之，进取心就是一个人想要不断进步和发展的强烈欲望。人人都知道，现代社会发展迅猛，堪称日新月异，一个人要想保持原地踏步，至少也要和时代保持同步进步。如果绝对原地踏步，就会陷入被动之中，无法超越自我，更无法作出成就。当然，要想永远保持上进心，我们首先要与懒惰的本能作斗争。没错，懒惰就是一种本能的劣根性，当懒惰之心比上进心更强大时，就会渐渐吞噬上进心，使人甘于平庸。从这个角度而言，我们唯有戒除懒惰，才能抵消人生向前的反向力量，也才能提升自己不断进步的速度。

维持进取心，必须高度自律。一个人如果与自己的目标相距遥远，很容易导致彻底放弃，再也不愿意拼尽全力。一个人如果已经小有成就，而对于成功的渴望也没有那么强烈，那么他也会渐渐地失去进取心。然而，自我满足的人很难适应这个时代的发展和需要，因为当他们感到满足之时，还有很多人怀着强烈的进取心不断进步，不断发展自己，提升和完善自己。所以，人不但需要保持与时俱进，也必须参考他人的进步速度，从而持续督促和鞭策自己。

莫德客是美国棒球史上最优秀的投手之一，他从小就很有进取心，立志要加入棒球联盟，成为优秀的投手。然而，造化弄人，莫德客从小家境贫穷，小小年纪就要去做工，他的手不慎卷入机器中，导致食指变得残缺。换作别人，也许就会彻底放弃棒球投手的梦想，然而莫德客自始至终都向着这个伟大的梦想奋进。

自从手指残疾之后，莫德客开始练习用残缺不全的手指投球。也许是命运之神被他的勤奋努力和坚持不懈感动，后来他居然得到机会加入地方球队，成为三垒手。莫德客看到了希望，更加严格自律，几乎每天都抽出大量时间练习投球。后来，教练发现莫德客在投球方面有天赋，因而刻意培养莫德客。果不其然，凭借优秀的天赋和勤学苦练，莫德客很快在投手之中崭露头角，声名大噪。其实，莫德客之所以能够让球高速旋转着飞出去，就是因为他的食指变短、中指弯曲。当然，如果莫德客当时放弃投手的梦想，那么也就无法发挥自己的优势。可以说，莫德客的成功与他实现梦想的决心和强烈的进取心是密不可分的。

现实生活中，很多人都有梦想，然而真正实现梦想的人却少之又少。归根结底，不是因为他们缺乏各种条件，而是因为他们没有莫德客那样的进取心。也有很多人对于现状不满，想要改变现状，最终却又稀里糊涂地接受了现状，懵懂地度过一生。也不是因为他们不能改变，只是因为他们已经习惯了安于现状，对于人生也不再渴望和憧憬，导致完全丧失了进取心。由此可以看出，当一个人丧失进取心，其实是非常可怕的。因为进取心恰恰是督促我们不断前进和努力的动力，所以失去了进取心，人生就会停滞不前，也绝无改变的可能。

每个人的人生都是未知的，也正因为此，人生才充满了无限的创造性和可能性。当一个人怀着强烈的进取心面对生活，他才能爆发出强大的力量，甚至创造出生命的奇迹。朋友们，你的进取心还在吗？如果在，那么恭喜你。如果不在，那你就要赶快去把自己丢失的进取心找回来了！

需要注意的是，进取心和自律之间是相辅相成的关系。自律的人从来不会凭借运气取胜，而是凭借明确的目标、强烈的进取心和坚韧不拔的毅力。所以我们不但要有进取心，更要严格自律，才能在人生的道路上飞速进步，创造辉煌。

第十一章 畏手畏脚时：别总给自己留太多后路

生活中，有些人表现得气场强大，不管是面对日常生活中的小事情，还是面对那些突如其来的灾难或者考验，都能当机立断，作出最明智果断的选择。相比之下，有些人下定决心则很困难，他们总是迟疑不决、瞻前顾后，美其名曰未雨绸缪，实际上思虑过度，杞人忧天。还记得历史上项羽破釜沉舟的勇气和果决吗？其实，人生中很多时候也需要破釜沉舟，把自己逼上绝路，才能一往无前。

当犹豫不决时，逼着自己前进

有人说人生是一场旅程，只有去路，没有归程；有人说人生是一场相逢，邂逅不同的人和事物，也让自己的生命变得徇烂多彩。这样的说法都很有道理，也表现出生命的美好。然而，生命除了美好的一面，也有残酷，也有让人不得不打起精神才能勉强应付的一面。因此，还有人说人生就是战场，尽管看不到千军万马激烈的厮杀，却弥漫着无形的硝烟。一个人也唯有打起精神在人生中拼搏和奋斗，才能取得成功，才能让自己坚持前进。

了解军事的朋友知道，要想在战场上获胜，一位杰出的将领起到至关重要的作用。他能指挥千军万马，也是整个战场上的灵魂人物，更是无数将士的首领。当将领威风凛凛，全体将士也会士气大振，在战场上一鼓作气奋勇杀敌。相反，如果作为将领总是犹豫不决，面对小小的威胁就止步不前，那么整个部队都会士气萎靡不振，将士也不可能奋不顾身地浴血沙场。由此可见，对于一支军队而言，将领的作用是非常重要的。而对于人生而言，每个人的心就是将领，就是人生这场战斗的主宰者。

还记得威风八面的拿破仑吗？拿破仑在鼎盛时期一直率军出征，征服了几乎半个地球。然而，因为攻打俄罗斯失败，他的后半生被囚禁在一座三面环海的小岛上。他每日都忧愁苦闷，也因此郁郁寡欢。他说自己能够征服敌人，却无法战胜自己的内心，无法排遣自己的苦闷。从拿破仑的经历，我们不难发现一个人唯有战胜内心，才能攻无不克，战无不胜，也才能成功地主宰命运，操控人生。犹豫不决时，一定要勇敢地成为人生的主宰，作出果断的决定。否则一旦错失良机，你的命运就会因此而发生改变。不管情况多么糟糕，你都要坚定不移，这样才能始终让自己斗志昂扬。要知道，很多人之所以失败，并非是因为败给自己，而是因为他们不能做自己的主，也就导致被敌人征服。

很多时候，我们也会面对进退两难的处境。这种情况下，不如学习项羽，战胜自己的内心，让自己坚定不移勇往直前，也许在把自己逼上绝路之后，你不但战胜了犹豫不决的心，也成功地征服了整个世界。

秦朝末年统治残暴，百姓民不聊生，为了反抗秦朝的残暴统治，各个地方的老百姓都揭竿起义。为了镇压起义军，秦国派出30万大军把赵国团团围困在巨鹿。赵王无计可施，只得派人连夜赶到楚国，向楚怀王求援。楚怀王任命宋义为上将军，任命项羽为次将军，让他们二位大将率领20万大军赶去为赵国解围。不想，宋义是个贪生怕死之辈，在靠近巨鹿的地方就安营扎寨，每日里花天酒地，丝毫不管将士忍饥挨饿，也不想着帮助赵国解围。看到这样的情形，项羽气愤不已，最终杀死宋义，自封为上将军，马上率领大军继续往前推进，去给赵国解围。

项羽很有策略，他深知兵马未动、粮草先行的道理，因而派出一支队伍先切断秦国的粮草线路，又亲自率领大军主力渡过漳河，计划去巨鹿解救赵军。等到大军渡过漳河之后，项羽让全体将士敞开肚皮吃了一顿饱饭，然后又给每位将士发了三天的口粮，接着就下令凿穿渡河的船只，砸碎做饭用的锅灶，还把安营扎寨的帐篷也全部烧毁。看到项羽的决绝举动，全体将士都知道无路可退，因而下定决心一定要打败秦军，夺取胜利。他们全都视死如归，心中清楚如果输给秦军，谁也不可能活着回去。就这样，将士们士气鼓舞，奋不顾身地与秦军拼杀，简直以一当十，战斗力成倍增长。在与秦军连续激战9次之后，项羽终于率军战胜了秦军，巨鹿之围解了，赵国得救了。最重要的是，秦军在这次战斗中元气大伤，两年之后，就因实力衰弱而灭亡了。

项羽之所以能打败骁勇善战的秦军，解了巨鹿之围，就是因为他有决心、有勇气，而且还把自己和全体将士逼上绝路，以破釜沉舟的方式告诉自己和全体将士，再也没有后路可退，只能打败秦军，才能活下来。可想而知，这样一来，项羽就不是在为帮助赵国解围而奋战，而是为了保全自己的生命而奋战，战斗的动力和决心当然截然不同。

虽然如今处于和平年代，我们无须去战场上与敌人厮杀，然而现代社会的竞争异常激烈，一个人要想更好地生存下来，赢得自己的一席之地，也是非常困难的。尤其当我们面对人生的十字路口不知道如何选择时，或者在需要继续推进而又犹豫不决时，让自己勇敢地面对人生的困境，斩断自己的退路，逼迫自己继续勇往直前，就是最重要也最关键之所在。人生没有回程，世界上更没有卖后悔约的，很多决定不但要早作，而且在作好之后就要坚决去执行，不要瞻前顾后，否则就会贻误人生的"战机"。很多时候你只是缺少破釜沉舟的勇气而已。

努力拼搏，才不惧怕失败

很多人之所以面对人生犹豫不决，最根本的原因在于他们缺乏自信。一个人只有相信自己，只有毫不迟疑地努力向前，才能占据人生的主动，为自己争取更多的人生机会，也大大提升自己获得成功的可能性。而一个人哪怕心中幻想着获得成功，但却总是惧怕失败，因而导致杞人忧天，始终不能鼓起勇气奋勇前进，那么他们最终会拖拉人生的后腿，也导致人生止步不前。

有心理学家经过研究证实，每个人的先天条件其实相差无几，而之所以在后天的成长过程中，人与人之间的差距越来越大，有的人与成功相伴，有的人却与失败如影随形，就是因为他们面对人生的态度截然不同。前者充满勇气，在人生的路途上一往无前，绝不退缩，而后者则总是胆小怯懦，面对人生说得好听是思虑周全、未雨绸缪，说得难听就是胆小怯懦、杞人忧天。也因此，他们在人生之中犹豫不定，哪怕面对小小的挑战都不敢轻易尝试。他们就像契科夫笔下的"套中人"，始终把自己密封起来，看似是保护自己，实际上已经断绝了自己与外界的任何往来，也让自己与人生中很多千载难逢的好机会失之交臂。

喜欢炒股的朋友都知道，收益与风险总是成正比的。收益越大，就意味着与之相伴随的风险也越大。而当风险最大限度地减小，收益也会相应减小。从这个角度而言，当看到他人获得成功时，我们最需要做的不是羡慕和嫉妒，而是先反思自己，是否有勇气像他人一样承担风险，无怨无悔地努力尝试呢？要知道，那些成功者在真正获得成功之前，从未想过自己能够成功，更未想过自己的努力会有最好的回报。他们是甘于冒险，才有了今日的成就。

其实，仔细分析一下，失败并没有什么可怕的。每个人在决定做一件事情时，成功与失败的机会都是各占50%的，并没有所谓的胜算更大。因为哪怕只有1%的可能失败，一旦失败，就不得不承受百分之百的损失。所以面对他人的成功，不要觉得他人是有了必胜的把握才去尝试，要记住，在事情的结果真正呈现在我们面前之前，没有任何人有必胜的把握。所以每一个勇于尝试的人都值得我们敬佩，也值得我们尊重。即使退一万步而言，一个人即使遭遇失败，也好过故步自封，不敢尝试。失败也许会使我们蒙受不同程度的损失，但是失败至少给了我们经验，也让我们更加鼓起勇气再接再厉。相比起无所作为，哪怕失败也是一种巨大的进步，不但帮助人们积累经验，也帮助人们获得更多成功的资本。所以，朋友们，不要再因为惧怕失败而不敢挑战自己，超越自己。你要相信自己，也要相信相信的力量。所谓相信的力量，就是如果你觉得自己可以做到，那么你就一定能够做到。那些成功者，正是因为相信自己，才获得成功的。

作为举世闻名的成功学大师，卡耐基始终认为这个世界上最有助于人们获得成功的就是坚韧不拔的意志。他说，不管是父辈的遗产，还是完善的教育，抑或无所不能的命运，都无法取代坚韧不拔的意志。由此可见，卡耐基对于意志的重视程度，告诉我们唯有拥有坚强的意志，才能主宰命运，掌控人生。也告诉我们，人与人之间之所以渐渐分化为成功和失败两极，也正是因为意志的作用。

也许有些朋友认为自己在追求成功的道路上已经经历了重重的挫折和磨难，但是成功却从来不青睐他们。这又是为何呢？对于任何人而言，如果努力了还没有获得成功，那么唯一的原因就是努力的程度还不够，还要继续努力和付出，才能距离成功越来越近。哪一个成功者不是饱经磨难，才最终获得成功的呢？哪一个成功者，不是守得云开见月明的呢？要想成功，就要拥有百折不挠的精神，始终坚信自己能做到，才能真正做到。正如人们常说的，心若改变，整个世界也会随之改变。我们也要说，如果你拥有自信的心，你的人生也会充满自信，坚韧不拔。当你为了哪怕是1%的努力，也能付出100%的努力，而且怀着不达目的绝不罢休的勇敢，你就能获得成功。

1832年，年纪轻轻的林肯失业了，他感到万分沮丧，也因此为自己树立了远大的志向——成为政治家。然而，在同一年的州议员竞选中，林肯还是失败了。一个人在一年之中接连两次遭受打击，毫无疑问，这使林肯感到痛苦，但是他并没有因此而放弃自己的努力。随后，林肯又回到商海里奋战，希望拥有属于自己的企业。林肯拿出自己的所有积蓄，还借了很多债，开办了工厂。然而，还不到一年，林肯的工厂就破产了。这次打击使得林肯损失惨重，在随后的17年时间里，林肯时时刻刻为了还债而努力赚钱。

也许是命运觉得林肯遭受了太多的打击，在林肯再次参加州议员竞选时，他居然成功了。这极大地鼓舞了林肯，让林肯心中萌生出希望。然而，林肯很快就失去了自己挚爱的未婚妻，这使他心力交瘁，抑郁成疾，居然卧病在床一年多。也因为沉重的精神压力，他患上了严重的神经衰弱，很长时间才慢慢康复。

林肯没有被打倒。1838年，林肯渐渐康复，因而参加了州议会会长的竞选，以失败而告终。经过6年的休养生息，1843年，林肯再次鼓起勇气参加美国国会议员的竞选，然而还是失败了。在此后的很长时间里，林肯一直在失败，直到1846年，他才成功当选国会议员。然而，他争取连任时再次失败了。因为竞选需要耗费很多钱，他在经济上也损失惨重。换作别人，在接连遭遇这么多次失败之后，一定会彻底放弃，甚至觉得自己根本不是从政那块料。然而，林肯绝不服输。1854年，他参加参议员的竞选，失败了。随后，他不管是竞选美国副总统还是州议员，都以失败而告终。然而，林肯的信心就像是"野火烧不尽，春风吹又生"的野草，最终，他在1860年成功当选美国总统。从此之后，林肯以自己的顽强毅力掀开了人生的新篇章，也成为美国历史上最伟大的总统之一。

曾经有人做过统计，证实林肯一生之中只成功过三次，其他的时间都在和人生的厄运作斗争，也在接连不断承受失败的打击。的确，失败的滋味是很难受的，那么林肯为何能在失败面前绝不气馁，继续努力呢？就因为林肯有着顽强不屈的意志力，也因为林肯始终在坚定不移地奋勇向前，绝不向厄运低头。这就是意志力的作用，如果没有意志力作为支撑，只怕林肯的精神世界早就在数重打击下崩塌了。

从林肯的经历中我们不难得到经验，即一个人唯有强大的内心，绝不屈服于厄运，才是永远都无法战胜和打败的。想想海明威笔下的桑迪亚哥老人，在面对强大的自然和硕大的具有危险性的鲨鱼时，他始终坚持不懈，宁愿被打倒，也不被打败，这样的精神值得传承给每一个人，每一个人也都需要这样的精神支撑自己，让自己在人生之中屹立不倒。

超越自我，挣脱内心的囚牢

很多人之所以没有取得更好的发展，并非因为缺少天时地利人和的条件，而是因为他们在内心深处先把自己看扁了，觉得自己一定不可能做到，因而也就真的做不到了。试问，一个人如果首先否定了自己，他怎么可能获得成功呢？所以，朋友们，不要轻而易举就对自己下论断，觉得自己的人生这也不行，那也不行，如果不亲自去尝试，你怎么知道自己的人生到底行不行呢？没有人能断言我们的人生，包括我们自己在内。一切，都要在努力和奋斗之后才会有暂时的结果，而非定局。

心理学家经过研究证实，人的潜力是无穷的，包括很多大科学家在内，也仅仅发挥出自己10%的潜力，可想而知我们作为普通人，更是不可能爆发出所有的力量。在这种情况下，我们要做的就是不给自己设立限制，从而挣脱内心的囚牢，突破心中的枷锁，以便不断地奋发向前，激发自己的潜能，以创造生命的奇迹。人们常说心态决定一切，的确，人对于自己的认知和人生的感悟，往往决定了在人生的道路上能走多远，能获得多少成就。所以当我们抱怨自己的人生并不出彩时，不要把责任都归于外界，而要先改变自己的内心，让自己拥有积极奋进的人生态度，才能最终超越自我，成就自我。

遗憾的是，现实生活中有很多人都活在限制之中，或者活在自己给自己的限制里，或者活在他人给自己的限制里，最终导致一生都束手束脚，无法放开手脚、尽情尽兴地去生活。为了避免给孩子设置限制，如今先进的教育理念还主张父母不要随便给孩子贴标签。很多父母都会在无意中犯下这样的错误，以标签来定义孩子，诸如说孩子"就是五音不全，根本不会唱歌""天生愚笨，不会画画""是个拖拉鬼，不管做什么事情都磨磨蹭蹭"等话，都属于给孩子贴标签。很多敏感的孩子会因为父母贴标签的行为而感到自卑，而有些孩子破罐子破摔，觉得父母既然都这么评价自己了，那么自己就应该是一个这样的人。渐渐地，他们的心态会越来越消极，也会放弃努力，任由自己在人生之中随波逐流。实际上，有几个孩子是朽木不可雕的呢？每个孩子在降临人世的时候都是纯洁的小天使，他们的改变更多地发生在成长的过程中受到的影响和引导。明智的父母要知道，好孩子都是夸出来的，唯有不断地鼓励孩子、赞美孩子，孩子才会成为理想的样子。其实，不仅孩子如此，成人也是如此。不管什么时候，为了自身的发展，我们都不能自己给自己或者任由他人给自己设置限制。记住，天高任鸟飞，海阔凭鱼跃，任何情况下，一个人唯有心中天高地远，人生才会辽阔高远。

很久以前，有一位逃脱大师技术高超，声名远扬。有个小镇的居民特意邀请大师去镇上表演，但是他们也很狡猾，想故意刁难大师，看看大师是否依然能够顺利逃脱。为此，小镇的居民在大师到来之前做了很多准备工作，他们铸造了一个大铁笼子，还在铁笼子上锁一把特制的大锁。

很快，大师如约来到小镇，开锁的日子到了。大师从预先留好的后门进入铁笼子，然后开始开锁，他最终要打开锁从前门走出来，就算是成功。大师认真仔细地观察了锁之后，心中很不以为然。他觉得这就是一把非常普通的锁，对于他而言根本没有任何难度，甚至比他在表演中开过的大多数锁更简单。为此，他满怀自信地笑了，动作娴熟地开始表演开锁。然而，在尝试很多常见的方法都无法开锁之后，大师不由得纳闷起来：这把锁看似普通，其实暗藏玄机，为何总是听不到锁芯打开的声音呢？大师不得不使用更高明的开锁技术，然而，还是没有任何效果。大师的额头上沁出细密的汗珠，他的手也开始哆嗦起来，他可不想让自己的一世英名毁于一旦啊！很快，几个小时过去了，大师的开锁工作没有任何进展，在使出最后的撒手锏之后，大师徒然坐在地上认输了。然而，正当他触碰到所谓的前门时，门突然开了。原来，这个所谓的前门根本没有上锁，而那把锁也没有真正地锁起来。因为是大师一进入铁笼子就一门心思地想着开锁，才忽略了这个至关重要的情况。不得不说，小镇居民和大师开的玩笑成功了。

实际上，大师开锁技术的确是一流的，但是对于一把根本就没锁的锁，锁芯没有闭合，所以无论大师多么努力，竭尽全力地开锁，也无法如愿以偿听到锁芯被打开的声音。而大师的失败就在于，他的心在日复一日的开锁过程中已经上锁了，所以他没有发现根本未曾上锁的事实。

实际上，人生中的很多事情都是如此。人们总是陷入墨守成规的固定思维中，导致失去创新力，也总是以旧有的观点看人看事情。假如我们能够跳出自己内心的束缚，采取发散性思维考虑问题，那么人生中的很多难题都会迎刃而解。而大多数人之所以被困于人生的困境，就是因为他们不能客观正确地评价和衡量自己，导致低估自己或者轻视自己。总而言之，金无足赤，人无完人，任何时候我们都要正确衡量自己，才能有效地扬长避短，发展自我。

坚持自律，才能激发内心的潜能

你相信有一个巨大的宝藏正潜伏在你的身体中吗？看到这样的问题，相信很多朋友都会哑然失笑，因为他们根本不相信自己真的蕴含着无穷的潜能，相反，他们都觉得自己资质平庸，也根本没有成功的可能性。实际上，这恰恰是前文所说的自我设限，也必然会导致人生的发展受到局限，无法取得突破性进展。其实，每个人都蕴含着巨大的潜能，这潜能就像是宝藏，潜伏在每个人的身体中，等待着被发掘，才会散发耀眼的光芒。而要想唤醒这个宝藏，发掘这个宝藏，我们就要严格自律，因为唯有拥有自律意识的人，才能激发自己的潜能，让自己爆发出强大的力量。

对于任何人而言，潜能的开发都是至关重要的。尤其是对于很多职场人士而言，当条件相当的竞争者之间为了得到更好的职位而展开激烈竞争时，能够发挥出自身潜能的人就相当于具备了优势，也更容易在竞争中脱颖而出，获得胜利。那么，如何让自律激发我们内心的强大力量呢？

在美国，有一个普通的农妇被肯尼迪总统赞誉为"深受美国人民爱戴的艺术家"。她，就是摩西奶奶。摩西奶奶生于1860年，因为家境贫穷，小小年纪就开始为家里干活儿，也去有钱人家里当女佣。在早年的生活中，摩西奶奶从未接触过绘画。直到58岁那年，她为了美化自家壁炉的遮板，才在遮板上画了生平第一幅画。没想到，她的这幅画得到了亲朋好友的赞扬，此后摩西奶奶偶尔会在家里可以画画的地方作画，如折叠桌的板子、壁炉的遮板等地方。

1932年，年过古稀的摩西奶奶去照顾患肺结核的女儿，女儿为了让母亲打发无聊的时间，因而教会母亲制作刺绣画。从此之后，摩西奶奶爱上了刺绣画。然而，76岁的时候，摩西奶奶的关节炎更严重了，甚至连针线都拿不稳，也无法进行刺绣的工作。在妹妹的建议下，摩西奶奶放下刺绣的针线，拿起了画笔，开始正式的绘画生涯。从此，摩西奶奶在绘画创作方面一发而不可收，她虽然年纪很大，但却是一位高产的画家。她几乎每个星期都有作品问世，随着绘画能力的不断提升，她的画作也从以临摹为主渐渐地转变为创作。

后来，有一位纽约的收藏家在杂货店的橱窗里发现了摩西奶奶的画，他马上就被摩西奶奶清新自然、写实的画风深深吸引住了。他不但买走了摩西奶奶陈列于橱窗的所有画作，而且找到摩西奶奶家里，买走了摩西奶奶仅剩下的10幅画作。直到1940年，有位画商用摩西奶奶的画作举办展览，已经80岁的摩西奶奶突然间成为轰动世界的大画家。摩西奶奶以76岁的高龄拿起画笔，直到101岁去世之前，始终坚持作画，也发自内心热爱绘画。不得不说，摩西奶奶用一生告诉我们"人生何时开始都为时不晚"。

不得不说，摩西奶奶是有绘画天赋的，只不过从小家境贫苦，她的绘画天赋从未被发现而已。然而，人生何时开始都为时不晚，摩西奶奶哪怕在76岁高龄拿起画笔，也依然能成为一位高产的画家。

现实生活中，总有些人觉得做什么事情都错过了最佳的时机，因而告诉自己一切都悔之晚矣，也为自己偷懒和放弃找到了冠冕堂皇的理由与借口。而在了解摩西奶奶的生平事迹之后，你还会觉得自己已经晚了吗？哪怕你已经年逾古稀，你也依然可以像摩西奶奶一样做自己喜欢和擅长的事情，以顽强的自律精神禁止自己放弃，也督促自己不断地努力。这样，你就能够激发自己内心深处的潜能，也打开自己未曾见识过的人生新天地。记住，只要你现在开始，就为时不晚。因为很多时候是你放弃了人生，并非人生放弃了你。当你拥有自律力，能够马上展开实实在在的行动，那么一切就都来得及！

有勇气勇往直前，给自己更多机会

面对人生中很多千载难逢的好机会，有的人勇敢抓住了，因而获得了成功，而有的人却总是瞻前顾后、犹豫不决，导致最终放弃机会。虽然前者有些冒进，但是谁的人生不冒险呢？相比起那些还未开始就已经放弃的后者，哪怕前者失败了，也能总结经验和教训，也能看到更远的地方，给自己寻找到更多的机会，所以他们相比起轻易放弃、不敢尝试的人，依然获得了莫大的成功。记住，哪怕失败了，也比原地踏步、无所作为要好。

伟大的发明家爱迪生在发明电灯的过程中，尝试了1000多种材料做灯丝，而且进行了7000多次实验。当助理都感到心力交瘁想要放弃时，爱迪生却说："失败不可怕，至少我们知道了哪种材料不适合做灯丝。而如果彻底放弃，我们就再也没有机会发明电灯。"从爱迪生的话中我们不难看出，他的成功取决于他的努力，取决于他面对失败的坚持，也取决于他坚韧不拔的顽强毅力。假如爱迪生当初在遭遇失败之后很快就放弃了努力，那么整个世界迎来光明的日子都会推迟很多。所以，朋友们，不要再标榜自己为了成功付出了多少努力，如果你在努力之后成功并没有如约而至，那只能证明你的努力还不够，你还需要继续努力，再接再厉。

有人说，成功就是最后一次失败后的尝试。以一个笑话为例。主人公吃了六个大饼都没饱，吃了第七个大饼之后才感觉饱了，为此他抱怨："早知道吃前面六个大饼一点儿用处都没有，我还不如直接吃第七个大饼呢，还能节省下六个大饼。"看到这个笑话，相信很多朋友都会啼笑皆非：如果没有前面六个大饼垫底，怎么可能吃第七个大饼就觉得饱了呢！没错，就是这个道理。遗憾的是，这个道理虽然人人都懂，但是真正将其落实在现实生活中的人却少之又少。很多人渴望成功，却不想经历获得成功前的磨难和挫折，更不愿意承受失败的打击。殊不知，失败是成功之母，不经历失败，哪里来的成功，又如何能够在缺乏失败经验的基础上获得成功呢！

这个世界上，没有任何人的成功是一蹴而就的。大多数人在成功的背后都有无数的心酸，也有讲不完的成功故事。一个人如果真的想要获得成功，就要戒除抱怨，在通往成功的道路上无怨无悔、坚持不懈。一个人唯有拥有坚强的毅力，才能更加接近成功，直至最终获得成功。所以说，成功没有捷径，只需要勇往直前的勇气和坚持不懈的决心与毅力。

很多喜欢玫瑰的朋友，都知道"玫瑰画家"雷杜德。雷杜德一生飘摇动荡，然而不管经历怎样的艰难困境，他都始终专注做一件事情——研究玫瑰，所以才能获得成功。

雷杜德出生在等级制度森严的封建社会，后来又经历了法国大革命的战火，甚至被朋友劝说加入革命的队伍，用热血点燃青春和激情。然而，雷杜德拒绝了朋友的邀请，这并非因为他贪生怕死，而是因为他有自己的目标和志向。正所谓乱世出英雄，后来，向雷杜德发出邀请的那位朋友成了大将军，而雷杜德却无声无息，只有真正热爱艺术的人才知道他的名字。那么，雷杜德在一生的时间里都在做什么呢？他花费了大半生的时间研究，他痴迷于玫瑰，而且深入研究玫瑰的各种美好姿态和呈现。最终，他以高超的艺术表现手法，真实记载了200多种玫瑰绽放的姿态，给后世的人们留下了无数美的感受和体验。他创作的《玫瑰图谱》，被翻译成200多种版本，为后人所借鉴和学习，也把美的欣赏和感悟传承给后人。

古今中外，很多伟大而又优秀的人物都具有专注的能力。他们专心致志做好一件事情，哪怕遭遇困境和坎坷，也不忘初心，坚持初心，所以最终才能一举成名。诸如，曹雪芹创作的《红楼梦》成为我国的四大古典名著之一，至今无人能够望其项背；司马迁在遭遇宫刑之后，在狱中坚持完成《史记》，被誉为"史家之绝唱，无韵之离骚"，司马迁也因此名垂千古；再如西方的大画家达·芬奇，更是以画作《蒙娜丽莎》举世闻名……几乎每一个有伟大成就的人，都非常勇敢地坚持自我，专注于自己所做的事情。

现实生活中，有很多人看起来整日操劳忙碌，但是却毫无成果。这是因为他们涉猎广泛，而又在每个方面都浅尝辄止，因而他们在各个方面都很普通而又平凡，最终也就对人生失去了深入钻研和挖掘的精神。每个人在追求成功的过程中，并不知道随着不断努力，自己距离成功还有多远。有些人在成功即将到来的时候放弃了，因而感到追悔莫及，这其实怨不得别人，只怨自己缺乏专注力和坚持的精神，才会与成功失之交臂。所以为了获得成功，我们一定要持之以恒，不管做什么事情都有始有终，直到达到预期的目的为止。否则，如果我们坚持到成功之前放弃，那么就不要以五十步笑百步，毕竟你与那些早早放弃的人没有什么区别！总而言之，专注和坚持是人们获得成功的两大要素，每个人都要真正做到，才能距离成功越来越近。

第十二章 改变就在每一天：精进的人生需要持之以恒

人生如果没有改变，就会坚持同一天的日子。哪怕是岁月静好，安然享乐，只怕也会给人留下枯燥乏味的感觉。这是审美疲劳导致的。每个人对于人生同样会审美疲劳，诸如很多人在同样的日子过久之后，就想四处走走看看，感受全国各地或者世界各国不一样的风土人情。那么，如何才能保持人生的新鲜感呢？这就离不开改变了。喜欢绘画的朋友知道，线条的变动最终形成了美妙的画境，我们也要说，正是因为富有韵律的变化，人生才能时时常新，充满生命力。

持之以恒度过一生

记得有一年的《感动中国》节目上，有位感动中国的人物是一名普普通通的乡村邮差。看到这样平凡甚至平庸的人登上《感动中国》的舞台，相信有些人心中是不屑一顾的。那么为何那些作出惊天动地大事的人都没有资格感动中国，偏偏是这个邮差就感动中国了呢？这并非没有原因。一个人，做一件好事并不难，难的是一辈子都坚持做好事。坚持的力量让人望而生畏，就像是很多简单的小事情，只要日积月累坚持下来，就会产生质的飞跃。自律的人最重要的是不要朝令夕改，正如那句话所说的，有志者立志长，无志者常立志。自律的人最怕的就是今天一时脑门发热，买了跑步机，说从此之后要坚持跑步，可是没过多久，就彻底把跑步机抛之脑后，再也不想跑了。这样一来，花费重金买来的跑步机不仅闲置了，而且还占地方，成了个大大的废物。当然，这都不是最重要的，重要的是你的身体如果总是闲置不用，缺乏锻炼，就会出现很多不可预知的问题，这才是最让人头痛的。所以要想让自律发挥最强大的作用，就要持之以恒，切勿半途而废，让自己的所有努力都付诸东流。

坚持的力量是强大的，看似微小的举动，只要坚持下来，就能改变我们的命运，甚至改变我们的人生。因而每个人都不要因为一件事情太小，就放弃去做，而只做所谓的大事。要知道，不管是在生活中还是工作中，大多数事情都是小事，也许有的人一生之中都平静淡然，不会遇到大事情，那么难道就放弃努力，任由命运带着我们飘来荡去吗？当然不是。命运好似一只无形的大手，我们要掌控这只手，主宰自己的人生。

刚刚进入美国标准石油公司时，阿基勃特还是一个名不见经传的小职员。虽然他在公司里职位很低，但是他对待工作的认真却丝毫不打折扣。平日里，不管是出差在外住旅馆，还是去商场里买东西，哪怕只是去小超市买点儿日常用品，甚至包括在给朋友写信以及寄明信片的时候，他都会在自己的签名下方写上"标准石油每桶四美元"的字样。很多同事对于阿基勃特的行为表示不理解，觉得写下这几个字并不代表什么。随着知道的同事越来越多，渐渐地，阿基勃特在公司里也被同事们称呼为"标准石油每桶四美元"，反而很少有人叫他的名字了。

一个偶然的机会，董事长洛克菲勒得知居然有下属叫"标准石油每桶四美元"，不由得很好奇，刨根问底问清楚了原因。当即，洛克菲勒就决定见一见这个下属，因为他很纳闷究竟是怎样的职员，会为了宣传公司的产品如此不遗余力。后来，洛克菲勒邀请阿基勃特共进晚餐，也对阿基勃特大为赞赏。从此之后，洛克菲特就非常器重和刻意栽培阿基勃特，等到洛克菲勒卸任时，在他的举荐下，阿基勃特成为美国标准石油公司的第二任董事长，也进入事业发展的鼎盛时期。

看到阿基勃特轻而易举就得到董事长洛克菲勒的赏识和认可，相信很多同事的肠子都悔青了，恨自己当初为何没想到这样做？的确，阿基勃特只是因为写了这些字就得到了董事长的认可和赏识，也因此他的人生出现了重大的转折点和发展的契机。而很多人曾经对阿基勃特的行为不以为然，却不知道这恰恰折射出阿基勃特坚持不懈的顽强精神。而且，从阿基勃特身上，洛克菲勒也看到了他对公司忠心耿耿，否则他如何能够坚持为公司进行宣传，绝不放过任何一个小小的或者毫不起眼的机会呢！

人，做好一件事情并不难，难的是一生之中把每件事情都做好。人，偶尔一次做好一件小事简直不费吹灰之力，然而如果不放弃坚持一生，那么就日积月累、聚沙成塔，彻底改变自己的命运和人生。坚持，是成功者必不可少的素质之一，也是成功的必备要素。否则，当在成功的路上遇到各种艰难险阻，我们如何劝说自己坚韧不拔，坚持下去呢？记住，当你足够坚持，成功就会不请自来！

每天，都拥有崭新的自己

人生，不应该是日复一日地重复。否则，哪怕岁月静好、春风得意，毫无变化的人生也一定会使人感到倦怠乏味，甚至根本不想继续面对和重复下去。人都是容易审美疲劳的，再美好的东西，如果一天24小时出现在眼前，也会渐渐地将其看得普通而又平常，更何况是日子呢？

日子，是组成人生的基本材料，是每个人生命中必不可少的要素。人生之所以对人充满吸引力，恰恰在于生命的未知。任何人都不可能预先知道生命的模样，我们唯有确定的就是此时此刻，而一旦时间流逝，我们根本不知道自己接下来将会面临什么。也许是惊喜，也许是惊吓，但绝不是和今天一模一样。

现实生活中，很多人都对人生感到倦怠，这是因为他们失去了对生命的新鲜感。实际上，生命的主动权掌握在我们自己手中，如果想收获日日常新的生命，我们就要努力改变自己，让每一天的自己都和前一天不一样。这样，我们人生中的每一天自然也就富于变化，变得不同了。也有很多人害怕改变，唯愿岁月静好。然而，这里所说的岁月静好大概是希望人生永远快乐幸福、一帆风顺的意思，而绝不是每天都是简单的重复，否则不管是谁都会觉得人生如同白开水，寡淡无味。

在生命之中，每个人都不应该保持静止。静止的状态下，一则被会时代的洪流远远甩下；二则会导致自己失去生命的活力，陷入安逸的等死状态之中。如果人生从来不需要拼搏，也没有任何期望可言，那么活着还有什么意义呢？作为生命的主体，要想改变人生的状态，我们首先要改变自己的心态，让自己从容不迫保持奋斗的姿态，也积极主动争取人生中出现好的改变和发展。唯有拥有一颗积极求变的心，我们的人生才是积极的，我们的未来才是值得期许的。

丽娜是一个非常胖的女孩，最重的时候达到200多斤。不过，她的嗓音很美，是朋友之中出了名的歌星。有一次，丽娜和朋友们一起去K歌，一个朋友在听到丽娜唱歌之后，感叹地说："丽娜，我愿意闭着眼睛听你唱歌，把自己带入绝对优美的意境。"虽然丽娜已经习惯了朋友们总是拿她的体重和她开玩笑，但是朋友的这句话还是深深地触动了她。她暗暗想道：如果我不能成功减肥，就可惜了我的好嗓音。

从此之后，丽娜开始循序渐进地改变自己。一直以来胃口都很好的丽娜，从每天中午吃两碗米饭改成吃一碗，前期也许有些饿，但是每当早晨起床之后空腹称体重时，看到自己的体重减少了几两，丽娜就会觉得沮丧的自己马上有了动力。除了节食之外，丽娜还坚持运动。一开始，她跑不动，只能慢走，渐渐地变成快走，到后来变成慢跑，直到快跑。没有人知道丽娜在此期间吃了多少苦头，只有丽娜自己知道。然而，当丽娜花费半年的时间终于减掉五十多斤赘肉之后，面对150斤的自己，她觉得信心百倍。虽然对于别人而言，这依然是个让人难堪的数字，但是对于丽娜而言，这个数字就是对她最大的鼓励和激励。

后来，丽娜借助于各种减肥产品，又减掉十几斤，成为一个体重130多斤略显丰满、身材匀称的女孩。从此之后，她终于可以鼓起勇气在朋友们面前一展歌喉了，她是那么自信，那么美丽，每一个看到她的人，都说她简直就像变了一个人一样，彻底不同了。

　　丽娜彻底改变了自己，这归因于她超强的自律力。现代社会，随着生活水平的不断提高，肥胖已经成为困扰很多人的棘手问题。尽管各种减肥的产品和手段层出不穷，但是减肥归根结底还是摆脱不了六个字——管住嘴，迈开腿。所以不管使用何种方式减肥，都要有超强的自律力，才能一直管住嘴、迈开腿，也才能让自己的减肥工作顺利推进，取得良好的效果。从本质上而言，丽娜赶走的不仅是赘肉，也是自卑的心，而她得到的不仅是匀称的身材，也是久已失去的自信满满。相信减肥成功的丽娜一定会珍爱崭新的自己，也会把握好人生中的每一个机会，成功地改变自己的命运。

　　现实生活中，很多人都有各种各样的苦恼。究其原因，是因为他们思维僵化、墨守成规，也排斥和抗拒改变。改变是一个循序渐进的过程，就像案例中的丽娜不可能从200多斤的大胖子变成100斤的苗条美女一样，我们要给自己改变的时间和过程，让自己从身体到心灵都渐渐地接受改变，也成功地完成改变。当然，在循序渐进的过程中，我们会感受到自己的微小变化，也会因为自己一点一滴的改变而感到骄傲。想想看吧，当你鼓起勇气改变，你每天面对的都是全新的自己，这是多么妙不可言的感受啊！朋友们，当机立断改变自己吧，岁月禁不起等待，你的每一个小小改变都要始于当下！

勤于思考，才能坚持自我管理

　　古人云，一日三省吾身，由此可见自我反省对于人生成长和进步的重要性。在这个世界上，每个人都不是完美的存在，都有自己的缺点和不足，甚至还会在人生中暴露出自身的劣根性，因而我们也无须奢求自己完美。当然，不强求自己十全十美，并非意味着我们不需要进步。正所谓活到老学到老，尤其是现代社会发展速度这么快，每个人都要坚持学习，才能更好地进行自我管理，也发挥超强的自律力，让自己变得趋于完美。

一个人如果对待生活总是浑浑噩噩，从不为自己制订人生的目标，更是从来不思考自己如何做，才能达到更好。在这种情况下，他们必然懵懂无知度过一生，也因为缺乏目标的指引距离成功越来越远。人是应该思考的，人之所以能够成为万物的灵长，就是因为人有思维，也懂得改变生活。古今中外，大多数成功人士都很善于思考，而且他们很清楚自己在人生中想要的是什么。然而，把思考表现在自律方面，你可曾知道在长大之后，哪一种改变的行为让你印象最深刻呢？面对这个问题，相信很多朋友都会语塞，根本不知道如何回答，这是因为他们曾经被动地做出改变，却很少积极地改变自己，进行自律。

作为一个从小失去父亲，在女人堆里长大的男子汉，不得不说哈林身上的女性气息很浓郁，最重要的是他已经习惯了享受母亲和各位姐姐无微不至的照顾，因而在稍微感到不满意的时候，他就会大发脾气，直至长大成人，他依然觉得母亲和姐姐们理所当然要照顾他，而从来不对母亲和姐姐们心怀感激。

在哈林还是单身的时候，母亲总是说服姐姐们让着他。然而等到哈林结婚了，有了自己的家庭，他还是对母亲和姐姐们颐指气使，这让母亲和姐姐们都很伤心。哈林对此不以为然，他已经习惯了固有的相处模式，不愿意作出任何改变。直到有一天，哈林最大的姐姐伊娃突然生病了，她病得很重，再也不能像妈妈一样帮助哈林照顾年幼的孩子，哈林这才意识到自己一直以来对待姐姐们太冷漠和不知感恩了。在有可能失去姐姐的悲痛中，哈林回忆过往的生活，后悔万分。他决定改变，让自己不再那么骄纵任性，也让自己配得上当一个弟弟。

哈林辞掉工作，专门负责照顾姐姐，他寸步不离地守护着姐姐，伊娃感动极了。其他姐姐看到哈林的变化，也感到非常欣慰。最终，哈林虽然失去了最疼爱他的大姐，但是他又重新得到了其他的姐姐。他们相亲相爱，相互扶持，共同走过人生中剩下的岁月。

生命中，我们对太多的东西都习以为常，思想和感情也渐渐变得麻木，对一切都顺其自然，甚至逆来顺受。实际上，我们做得并不像自己想的那么好，我们总是需要在或大或小的方面改变自己。这种改变，不应该是被动发生的，而应该是随着不断的自我反省，我们主动要求自己做出的。案例中，哈林因为大姐伊娃突然身患重病，才想起来反思自己与姐姐们的关系，虽然使人遗憾，但是总算让姐姐们感到欣慰。而如果哈林能够更早地主动反省自己，积极地改变自己，他与大姐伊娃友好相处的时间会更长。

人生，从来不是简单的一加一等于二。每个人都是这个世界上独一无二的存在，也是这个世界上独立的生命个体，因而对于生命的渴望和憧憬也完全不同。当不同的生命个体在一起相处、合作，必然会发生各种摩擦和碰撞，在这种情况下，自律式改变不但能有效提升我们，也能有效改善我们与他人之间的关系，从而让我们的生活和工作都进展更加顺利。记住，要主动地自律，改变自己，提升和完善自己，就要伴随着思考，让思考帮助我们挖掘人生的深度。否则，浑浑噩噩的人只能被动地接受人生，而不能主动地改变人生。只有勤于思考的人，才能坚持进行自我管理；也只有善于自我反省的人，才能在自律的过程中提高效率，事半功倍。

自律的人，才能获得成功

现实生活中，我们总是羡慕他人得到从天而降的好机会，也羡慕他人看似不努力，却获得了成功。实际上，我们只看到他人貌似平白无故就得到了什么，而没有看到他人在收获之前，在获得成功的背后，曾经吃了多少苦，也多么绝不妥协地自律，坚持不懈地改变自己，完善自己，持之以恒地付出。从这个角度而言，我们说，自律的人才有好运气。

自律的人不会任由自己早晨在温暖的被窝里流连忘返，哪怕不是工作日，他们也会逼迫自己从被窝里起来，然后冒着凛冽的寒风去锻炼；自律的人不会任由自己在工作中总是偷懒，哪怕只有10分钟时间，也要看无聊的娱乐新闻和各种毫无根据的奇闻逸事新闻；自律的人从来不会放纵自己，他们很善于控制自己的情绪，很少歇斯底里发作，更不会与合作的同事吵得脸红脖子粗，尴尬得再也无法相见；自律的人知道自己不够完美，因而时常进行自我反省，也积极地提升和完善自己；自律的人不管此刻自己是否面对机会，始终要求自己必须严格自律，才能在机会到来时勇敢地抓住，改变命运……一个人如果拥有自律，就能够改掉自身的很多缺点和不足，也让自己经过点点滴滴的努力变得更加完美。这就是自律的重要作用。

古往今来，很多成功人士都拥有自律精神。曹雪芹年幼时家境优渥，而后来家道中落，曾经作为公子哥的他却坚持奋笔疾书，努力完成《红楼梦》的写作；司马迁遭受宫刑之后心灰意冷，却从未放弃自己，而是坚持努力奋斗，完成《史记》的创作，因而青史留名；美国前总统林肯，在遭受无数次失败和沉重的打击之后，依然坚持不懈参加竞选，最终成为美国总统；同样作为美国总统，罗斯福因为骨髓灰质炎不得不坐在轮椅上，这同样没有影响他在政坛上大获成功……不得不说，这些人都是严格自律的人。他们拥有强大的内心，所以从来不会因为外界的任何变故而导致内心动摇，更不会脆弱得不堪一击。他们心知肚明，要想获得成功，就要不遗余力，勇往直前，哪怕遭遇风雨泥泞，也要坚持不懈，勇敢拼搏和奋斗。他们身体力行告诉我们"生命不息，奋斗不止"的道理，也最终创造了属于自己的成就，拥有了辉煌璀璨的人生。

明朝时期，大学士徐溥官职很高，也深得当朝皇帝的喜爱，因此作出了一番事业。

其实，徐溥在很小的时候就表现出严格的自律精神。他少年老成，总是一本正经的样子，随身带着一个小本子，时不时地就会拿出来看一看。有一次，私塾的先生看到徐溥又在看小本子，终于按捺不住好奇，把徐溥的小本子要来看。原本，先生以为徐溥拿的一定是小孩子觉得好玩的东西，却没想到小本子上全部是徐溥亲手抄写的儒家经典语录，而徐溥之所以随身带着小本子，就是为了随时看、随时记，而且他还根据这些儒家经典的语录对照自己的行为，从而一日三省吾身，及时改正自己做得不对的地方。

为了更好地管理自己的言行举止，徐溥特意从家里带了两个瓶子去私塾。这两个瓶子中，一个装满黄豆，一个装满黑豆。徐溥用黄豆代表正确，用黑豆代表错误，每当自认为做对了一件事情，就往相应的瓶子里放入一颗黄豆，而每当自认为做错了一件事情，他就往相应的瓶子里放入一粒黑豆。最初，黄豆很少，而黑豆很多。随着不断的自省和自律，徐溥不断进步，渐渐地，瓶子里的黄豆和黑豆差不多多了。而后来，黑豆变得很少，而黄豆几乎要装满一瓶了。虽然这个方法看似简单，却有效地帮助徐溥约束自己的言行举止。成为大官之后，徐溥依然以这样的方式严格自律，最终成为极有权威和极富声望的名臣。

徐溥不但要求自己严格自律，而且还以往瓶子里装入黄豆和黑豆的方式督促和监管自己。正是因为他在漫长的人生岁月中形成了严格自律的好习惯，所以他哪怕身居高位，也依然清正廉洁，成为人们交口称赞的好官、清官。从心理学的角度而言，人是很容易受到外界影响的，也因此自律就显得尤为重要。我们每个人要想从小树苗长成参天大树，就要坚持自律，才能不断向着天空茁壮成长。

众所周知，通往成功的道路更艰难，每个人既有动力，也会面临各种起到相反作用的压力或者消极的力量，就更应该竭尽所能管理好自己，才能让自己保持正确的方向，也不断进步，到达人生的目的地。记住，人生经不起等待，成功经不起拖延，如果想要成功，就马上行动起来吧，成功始于脚下，更始于当下这一刻。

淡然从容，做最好的自己

总有人感慨，无论自己怎么改变，也变不成父母心目中最值得骄傲的那个孩子，也变不成爱人心目中最值得炫耀的那个另一半，也变不成孩子心目中绝对完美的父母……不管是父母还是爱人，抑或孩子，都是我们生命中最重要的人。所以我们愿意为了他们而改变。尽管你不能变成他们心中最理想的样子，但是你要记住，你依然是父母心中最爱的孩子，依然是爱人心中最值得依赖和信任的那个人，依然是撑起孩子人生的最坚强有力的支柱，所以你总能够得到父母、爱人和孩子深沉炙热的爱，依然与他人相依相伴，共同走过人生中的每一段坎坷泥泞和幸福美好的日子。

也有人感到苦恼，觉得自己已经拼尽全力，却无法让朋友、同事或者是陌生人满意。试问，人世间有谁能让所有人满意，就算是无所不能的造物主，也无法让所有人满意，更何况我们还是普通而又平凡的人呢？这并非意味着我们不够好，而是因为每个人对于他人的定义和要求都截然不同。所以我们既要主动地改变，积极地提升和完善自己，也要坚持自己对于生命的理解，坚持做最好的自己，这样才能宠辱不惊、淡然随意。

人生之中，需要我们努力争取的东西很多，甚至在激烈的社会竞争中，为了得到更好的工作和晋升的机会，有些人还会不择手段地去争取。然而，人生中需要我们淡然坚守的东西同样很多，诸如，来自心底的善良和美好，对于爱情的执着，做人的原则和底线，等等。不管时代如何改变，这些都是需要我们用心守护的，也是我们生命本质中最坚强的毅力。人人都知道，做人要成为大写的人字，恰恰是这些优秀的品质让我们孑然于世。

人，既要学会入世，也要学会出世。唯有入世，才能活出滋味，唯有出世，才能坚守淡然。现代社会，物质水平越来越高，入世的人往往忘却了初心，一味地追求身外之物，导致迷失本心。人生，也因此变得疲劳不堪、困顿不已。

本我，是最自然的我，人生最大的成功，就是活出自己最真实的模样。否则，一个人如果盲目追求改变，每天总是戴着假面生活，岂不是更累吗？

朋友们，一定要记住，你人生的终极目标，就是始终保持淡然从容，成为你自己。抛掉人生中多余的负累，你会觉得突然间身心放松下来；彻底消除那些无法完成且折磨自己的欲望，你会发现原来简单的生活才是最美好的。总而言之，极致极简极真，你才能遇见自己，也成就自己。所以改变还是不改变，都取决于你的内心，也因为你的真实而变得一目了然。

参考文献

[1]兰涛.自律胜于纪律[M].北京：中国华侨出版社，2012.

[2]倪浩，张淑娟.不吃苦，不奋斗，你要青春干什么[M].北京：企业管理出版社，2017.

[3]（美）马歇尔·古德史密斯，马克·莱特尔.自律力，创建持久的行为习惯，成为你想成为的人[M].张尧然，译.广州：广东人民出版社,2016.